樂高 NXT
機器人與
生醫應用實作

由淺入深

林沛辰 許恭誠 張家齊 蕭子健―――著

國立交通大學出版社

Contents

序

　　《由淺入深：樂高 NXT 機器人與生醫應用實作》是一門適合工程領域新進入門與進修的課程書，同時綜合 LEGO NXT 機器人、系統設計實作、生醫實務應用的全面性教學，透過可創造力強的積木，學習工程領域中的「系統開發」精神與生醫應用的觀念。目前坊間 LEGO NXT 結合生醫應用的書偏少，然而，生醫工程與生醫產業已為新產業，發展生醫跨領域人才需求持續增加，且系統開發與實務應用的培訓需求持續攀升，但生醫知識與技術應用對剛入門的學子而言，卻感覺是一個不得要領的學門。況且，在系統開發過程，需結合電腦語言、硬體架構設計、軟硬體整合的理解與實作，方能達到學習效益，而毫無頭緒的負面情緒與無力感，會使「做中學」難以得到相應的成效。

　　我們決定解決此問題！藉由大家耳熟能詳的 LEGO 積木、結合先前的寶貴經驗：LabVIEW 程式設計系列叢書撰寫經驗、生醫領域研究經歷、資訊領域專業知識、系統開發與整合技術，進行彙整，編輯一本包含由淺入深之 LEGO NXT 機器人教學、程式語言撰寫、系統設計、生醫感測原理、臨床意義、實作教學、應用實例，且以站在學子的立場進行撰寫。如此，此書可視為一本簡而實用的入門教科

由淺入深
樂高 NXT 機器人與生醫應用實作

書，讓入門的學子在過程中激發興趣與創造力，並兼顧固本精進的學習方式。編輯安排上，灌輸系統開發的循序漸進概念兼顧實際應用為核心。簡而言之，期待學子閱讀完此書後，能感受到獨立完成系統開發也不是遙不可及的，甚至擁有更多開發的想法，讓我們一同踏入工程領域吧！

在此，有幾件事需特此說明：

1. 本書可視為「以 LEGO 積木為主體來學習系統開發及生醫領域實作」。

3. 本書分為五章，以「LEGO & NXT」、「NXT 基礎應用」、「NXT 進階應用」、「設計應用與程式撰寫」、「LabVIEW 與 NXT」循序漸進，由基礎至實務應用的教學。

4. 本書以圖形化程式設計介面 LEGO Mindstorms NXT 為實作平台，讀者可透過概念性圖形化介面進行程式撰寫，將系統付諸實現。

5. 本書以生醫實務應用為主軸，讀者可藉此切入生醫領域發展與方向。

前 言

　　對於有興趣進入工程領域的朋友來說，建立「系統開發」的觀念是很重要的，因為系統開發常常是工程領域的最終目標，它跨及電機、電子、資訊、通訊、醫學等領域，亦有跨領域的開發，而這些努力都是為了開創對人類生活更有用的作品。

　　簡單來說，系統開發就是由小至大、循序執行、可行性分析等結合而成的過程，由小至大指的是從對小模組的認識，逐步構出大型模組及功能；循序執行是依照系統規劃，一步步建出外型和功能，直到最後完成作品；而可行性分析則是利用現有的資源，分析達到完成品的方式與需要捨去的部分，這需要對上述各部分都熟悉之後，才能獲得較佳的分析能力。

　　為了讓讀者能體會「系統開發」的精神，本書使用大家較耳熟能熟且易上手的 LEGO（樂高）積木為硬體架構，配載 NXT 軟體開發介面，帶領您實際操作系統開發的各個面向。各章節亦以此作為基礎所編排而成，先由小模組的理解延伸到架構的組裝，也帶入軟體功能於模組上的應用，慢慢建立使用者腦海中的系統開發順序；再透過培養系統開發的概念，循序漸進引入開發案的範本，以確認是否能夠學習到完整的開發概念，使用者在此階段也可在腦中構想出各式各樣的開發案。為了讓您在實作時，不被軟體環境受限，本書更導入了更高

階軟體的環境供您參考，此外，也會讓您了解 NXT 機器人背後的架構，進而實現系統開發的無限可能性。

　　本書第一章將針對 LEGO 積木做基礎介紹，讓第一次接觸 LEGO 積木的朋友可以輕鬆建立基本概念，同時簡介 LEGO NXT 的由來，以及感應器的使用與測試。在介紹並瞭解硬體設備後，即進入第二章軟體應用，即使您從沒接觸過軟體撰寫，也可以從本章按部就班的介紹來學習如何寫出第一支程式，並且搭配感應器寫出很「有感」的成果。同時伴隨章節的前進，本書將介紹越來越多模組，這也代表著您已經可以寫越來越複雜的程式去驅動您的 LEGO NXT 囉！

　　為了更進階的使用 NXT 機器人，第三章開始教學進階的模組使用，第四章則加入大型的實作範例與練習。而為了讓讀者朋友能接觸並學習到現今最夯的生物醫學領域，在第四章將介紹生醫相關實作，只要深入瞭解及親身體驗，您會發現原來 LEGO NXT 可以結合生活，也能玩出更多應用、更活潑的機器人。第五章則介紹了更廣、更深的程式語言，讓您大展拳腳，學習利用進階軟體去驅動 LEGO NXT 系統，進而創造出別人所想不到，專屬自己的機器人。接下來，就請跟著本書各章節由淺入深的介紹，一塊進入 LEGO NXT 機器人的創意世界吧！

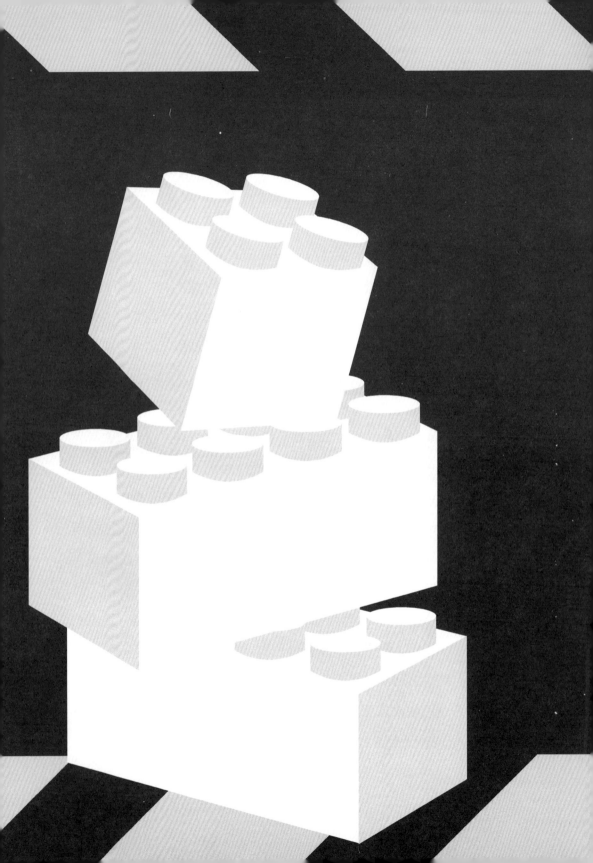

Chapter 1
LEGO & NXT

積木，是大家耳熟能詳的一項玩具，方正的外表看起來沒甚麼特別，但只要花些心思組合，就可以創造出獨特的成品，滿足自己的無限想像，是自由度和創造性都很高的益智玩具。其中最廣為周知且應用廣泛的，應該算是「LEGO」（樂高）積木。

「LEGO」來自於一間丹麥的玩具公司 LEGO，該公司命名來自於丹麥語「leg godt」，意思是「玩得好、好好的玩！」基於這樣的最高產品開發原則，LEGO 積木成為許多大小朋友偏愛的組合玩具，幾乎稱得上是積木的代名詞，可以讓玩家盡情發揮創意，創造自己心目中的作品！從幼兒、學齡兒童的基礎組合，到加入動力機構的 LEGO 機器人，各個年齡層都可以在 LEGO 積木裡，「開發」出自己的玩樂趣味。

本章將為即將進入 LEGO 機器人動力世界的您，完整介紹 LEGO 的小零件（積木）到大玩意兒（NXT），助您奠定最基本、全面的 LEGO 概念。

1-1
LEGO 積木

　　目前市面上的 LEGO 積木主要分成 4 種不同產品線，有 baby、quatro、duplo 和標準 LEGO，分別對應 1 至 18 個月、2 至 3 歲、2 至 6 歲和 4 歲以上的四個年齡層，本書以介紹標準 LEGO 為主，延伸應用到 LEGO NXT 機器人的開發。標準 LEGO 就好比 LEGO 公司所主打的系列型積木，如：星際大戰系列、哈利波特系列、哈比人系列等等，玩家可以透過已經配置好的零件與說明書，建造出電影裡的場景，而若想打造專屬自己的系列積木，也可以自行購買基本零件包來建構，畢竟 LEGO 積木的出發點就是想讓玩家發揮自己的創造力與想像力，玩出不同的組合。其中除了常見的傳統在方塊上有圓形突起的 LEGO 積木外（圖 1.1a），在後面小節介紹的 NXT 機器人是採用 LEGO Technic 系列積木（圖 1.1b）做為組合工具，以下將一一介紹 LEGO Technic 系列積木的主要零件。

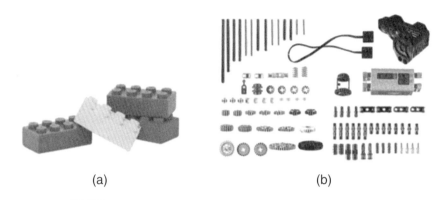

(a)   (b)

圖 1.1 LEGO 積木 (a) 傳統積木、(b)Technic 系列積木

　　LEGO Technic 系列積木裡包含了許多小零件，以下是幾種比較常使用到的類型：

1. 套筒及軸（Bush & Axle）：套筒常搭配軸使用，並以厚薄和長短區分（圖 1.2a），而一般軸則以長短做辨別（圖 1.2b），其中還包括單邊不可貫穿的特殊軸（圖 1.2c），特殊軸多用來結合輪子，以避免軸脫落。

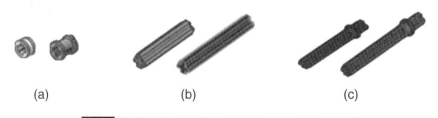

(a)   (b)   (c)

圖 1.2 套筒及軸 (a) 套筒、(b) 一般軸、(c) 特殊軸

2. 凸點橫桿（Technic Brick）：適用在結構性較高的設計，例如機器的主體軀幹等，其中以凸點個數做為編號區分（圖 1.3）。

圖 1.3 不同凸點數之凸點橫桿

3. 平滑橫桿（Technic Beam）：與凸點橫桿相似，用於結構性較高的設計，但少了凸點，且擁有不同角度的平滑橫桿（圖 1.4）。

(a)   (b)

圖 1.4 平滑橫桿 (a) 一般平滑橫桿、(b) 特殊角度平滑橫桿

4. 技術薄積木（Technic Liftarm Thin）：厚度是平滑橫桿的一半（圖 1.5a），可用其建構出一些簡易的組合，如：齒輪減速箱（圖 1.5b）。

(a)   (b)

圖 1.5 技術薄積木 (a) 技術薄積木、(b) 齒輪減速箱

5. 連接器（Connector）：常用於 NXT 連接的使用，有多種類型，
其中擁有角度的連接器又稱「角度連接器」（Angle
Connector），可以利用連接器不同的特性做出連接或是多邊
形的呈現（圖 1.6）。

圖 1.6 不同類型的連接器

6. 插銷（Pin）：分為有摩擦力、無摩擦力兩種類型，有摩擦力
者插入後不易轉動（圖 1.7a），無摩擦力者相對較容易轉動（圖
1.7b）。

(a)   (b)

圖 1.7 插銷 (a) 有摩擦力插銷、(b) 無摩擦力插銷

7. 齒輪（Gear）：依照齒數來做分類（圖 1.8a），齒輪應用是相當重要的，可利用其做加速或減速的設計，在連結上可分為水平連結或垂直連結（圖 1.8b）。

(a)　　　　　　　　　　　　　　　　　　(b)

圖 1.8 **齒輪與連結方式** (a) 不同齒數齒輪、(b) 水平連結與垂直連結

8. 輪子（Wheel）：擁有不同輪框大小的輪子，可以依需求做改變（圖 1.9a），並且也可加入履帶做使用（圖 1.9b）。

(a)　　　　　　　　　　　　　　　　　　(b)

圖 1.9 **輪子與履帶** (a) 不同大小的輪子、(b) 加入履帶的輪子

經由上面的簡介，相信您已能了解 LEGO Technic 系列積木主要零件的用途，接下來就是發揮創意，透過傳統 LEGO 積木與 LEGO Technic 系列積木做結合，建構出腦中所設計的作品。

1 - 2

Lego Mindstorms NXT
主機

　　在瞭解了靜態的組合方式後，下一步我們要加入動態的展現，打造出會動的機器人。想要讓積木動起來的「關鍵」，就是要提供給它一個「大腦」，讓它像人一樣，能接受外界的訊號且進一步做出反應，因此有了可程式化積木（或稱為可程式化組合機器人）的產生。

　　可程式化積木是由 LEGO 公司與美國麻省理工學院所共同開發的，1998 年開發出第一代產品 RCX（圖 1.10a），而於 2006 年更進一步發展出 NXT（圖 1.10b），經由與電腦做連結，將撰寫好的程式置入於 NXT 主機中，進而控制 NXT 所建構的機器人或是使機器人本身自行運作，讓它達到類似「人」的行為能力。目前市場上的最新機種 EV3，則是 LEGO 公司 Mindstorms 系列於 2013 年推出的第三代機器人，其在 NXT 主機上增加了更多的感應器應用，就像是 NXT 的延伸版。為了讓讀者由簡入繁，本書仍以 NXT 為討論主機，使您能在操作 NXT 主機上快速的上手，在使用進階版 EV3 時，亦不會有銜接上的問題。

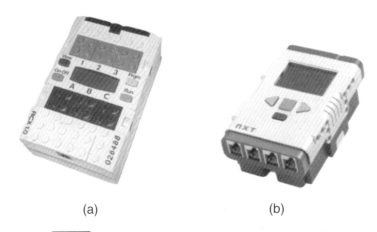

圖 1.10 可程式化積木 (a)RCX 主機、(b)NXT 主機

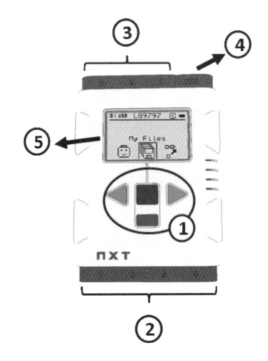

圖 1.11 NXT 可程式化積木

由淺入深
樂高 NXT 機器人與生醫應用實作

為了容易瞭解 NXT 主機，我們先以圖 1.11 各個編號依序說明：

1. 方向鍵（ ▶ ）、確認鍵（ ■ ）及離開鍵（ ■ ）：設定 NXT 螢幕內容的功能按鍵。

2. 輸入端：在 NXT 主機下方由右至左有編號 1 至 4 的 4 個接孔，可以插入 NXT 用的纜線，連接各種感應器或是馬達。這部分的功能是為了讓機器人可像人一樣透過五感接受到外來訊息的重要媒介，因此 LEGO 公司設計了多樣化的感應器，做為機器人更擬真的工具，包括對照人類觸覺的觸碰感應器、聽覺的聲音感應器、視覺的光源感應器等等，經由這些感應器，讓 NXT 接收外界的訊息，並進一步做出反應。而輸入端標註的 4 個號碼在螢幕內容設定或撰寫程式時，對應感應器所連接的輸入端編號，可由設計者自行調整輸入的位置。

3. 輸出端：NXT 藉由輸入端得到訊息，再透過輸出端做出反應。通常輸出端會連接燈泡或馬達，其中馬達是讓機器人可以動作的重要工具，而輸出端則以大寫英文字母 ABC 編序。

4. USB 連接埠：讓 NXT 主機與電腦做連線，透過 USB 傳輸，將在電腦上撰寫好的程式載入到 NXT 中，並由不同程式產生不同功能的機器人。

5. NXT 主機螢幕：顯示主機的功能設定，以及透過感測器接收訊息，於螢幕上秀出簡易的結果。

接下來再讓我們繼續了解 NXT 主機的操作方式，也就是軟體方面的使用，並透過實際操作來學習。NXT 能夠透過 USB 與電腦的連接載入程式，主機本身也已經內建了一些功能，一開始可以先透過 NXT 有的功能去做嘗試，對於之後在建立作品時更能得心應手，其選單包括 6 大功能：

1. 檔案（My Files）：透過 USB 與電腦做連結，將撰寫好的程式放入子項目 Software files 之後，即可以透過此功能來管理、執行所設計的程式，並且也可加入聲音檔於子項目 Sound files 去做應用。

2. NXT 程式（NXT Program）：提供使用者直接在 NXT 主機上編輯程式，但這個程式僅能接受 5 個步驟指令，藉此讓使用者在基礎學習階段，可以先接上感應器與馬達做簡易的編輯，來觀察 NXT 會產生甚麼反應（圖 1.12）。

圖 1.12 5 步驟程式範例

3. 測試（View）：透過內建的程式去測試感應器並得到數值，例如由光源感應器得到光源強度、聲音感應器得到聲音大小等（圖 1.13），也可以操作馬達去觀察馬達變化的角度。

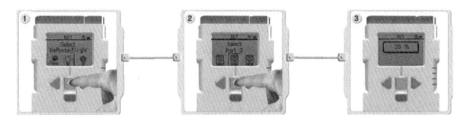

圖 1.13 透過 View 功能測試感應器並得到數值

4. 藍芽（Bluetooth） ：開關 NXT 的藍芽功能，以及搜尋其他藍芽裝置、連線功能等設定，若電腦有藍芽功能，也可以透過藍芽做程式和檔案的傳輸，就不必使用 USB。

5. 設定（Setting） ：子項目可對主機進行設定，例如音量大小、進入待機時間、刪除檔案等等。

6. 玩玩看（Try Me） ：實際操作感應器或馬達是否正常連線運作，以聲音與圖示來顯示是否正常，可多加利用此功能來做建構前檢查（圖 1.14）。

圖 1.14 透過 Try Me 測試感應器是否正常運作

在 NXT 系列中，主機就是做為中心來架構機器人，向外接出感應器與馬達等輔助元件以達成目的。感應器的使用是 NXT 系統最重要的核心之一，所以接下來的內容會詳細說明並練習操作各種感應器，期間也會使用到本節所介紹的基本功能，請務必熟練地運用，以達到事半功倍的效果哦！

由淺入深
樂高 NXT 機器人與生醫應用實作

1 - 3
觸碰感應器

　　感應器的功用在於提供機器人外界的資訊，而觸碰感應器就如同一個開關（圖 1.15），雖然它只能感應到「壓下」以及「放開」兩種狀態，功能有點少，卻是最基礎也是最不可或缺的一個功能。如果想學會靈活運用感應器，首先需要好好了解每一個感應器的使用狀況，以下我們先對感應器做最基本的測試（View）還有玩玩看（Try Me）兩種觀測。

連接線孔

按壓感應頭

圖 1.15 觸碰感應器

💡 **測試（View）：**

1. 將觸碰感應器連接到 1 號輸入端（圖 1.16）。

2. 按下 NXT 主機的橘色鍵開機後，用左鍵與右鍵選擇 View，再按橘色鍵進入（圖 1.17）。

3. 選擇進入 Touch（圖 1.18）。

4. 選擇 Port1，按下觸碰感應器來進行測試（圖 1.19）。

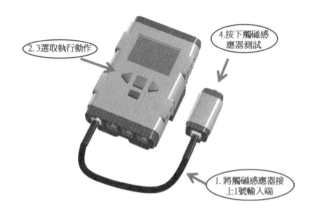

圖 1.16 觸碰感應器的測試

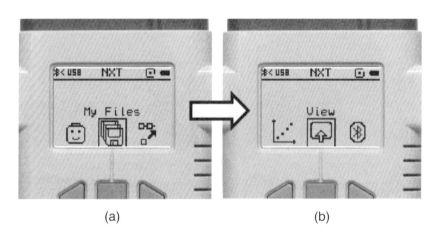

(a)　　　　　　　　　　　　　(b)

圖 1.17 (a) 開機目錄畫面、(b) 以左右鍵選取至 View

由淺入深
樂高 NXT 機器人與生醫應用實作

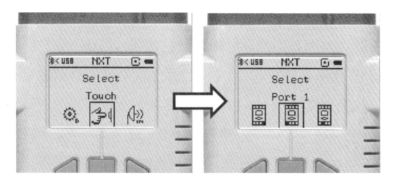

圖 1.18 選取 Touch 進入

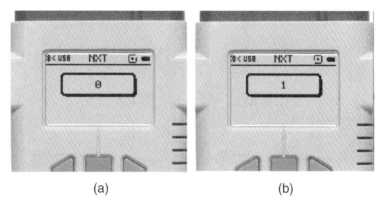

(a)   (b)

圖 1.19 (a) 原本顯示「0」、(b) 按住感應器顯示「1」

　　對觸碰感應器的測試應該會發現它只有兩種判定結果，按下觸碰感測器時主機螢幕顯示 1，放開時則又回復顯示 0。

玩玩看（Try Me）：

1. 將觸碰感應器連接到 1 號輸入端。

2. 按下 NXT 主機的橘色鍵開機後，選擇進入 Try Me，接著選擇 Try-Touch（圖 1.20）。

3. 選擇 Run，系統會提示使用 1 號輸入端連接觸碰感應器，因為
   寫程式的軟體內預設的觸碰感應器就是 1 號輸入端（圖1.21）。

4. 按下觸碰感應器看看，螢幕上的 LEGO 小人會跟您說話喔！
   （圖 1.22）。

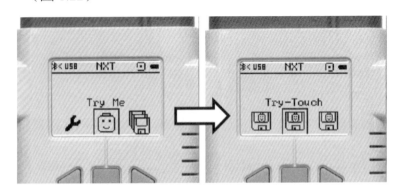

圖 1.20 選擇 Try Me 後進入

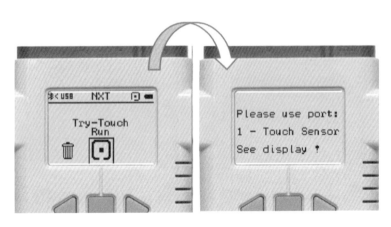

圖 1.21 系統提醒：使用 1 號輸入端

由淺入深
樂高 NXT 機器人與生醫應用實作

圖 1.22 LEGO 小人的反應

　　觸碰感應器的判定方式最為簡易,所以應用的成功與否,端看程式的設計與感應器架設的方式,例如單純當作啟動某些功能的開關、架在機器人身上作為碰撞的辨識,或是以觸角的功能來探測周遭,只要配合其他感應器就能做出各式各樣的變化。

1 - 4
音源感應器

　　音源感應器（圖1.23）不像觸碰感應器一樣只有兩種判定結果，它有如同人耳一般能夠分辨大小聲的能力。因為每台感應器的收音會有些微的差距，使用時我們必須清楚自己開發的機器人「耳朵」有多靈敏，以下我們便來對音源感應器做出發聲測試來掌握它的收音能力。

圖 1.23 音源感應器

💡 測試（View）：

1. 將音源感應器連接到 1 號輸入端。

2. 按下 NXT 主機的橘色鍵開機後選擇進入 View，再選擇 Sound dB（圖1.24a）。

3. 選擇 Port1，對音源感應器進行發聲測試（圖1.25）。

4. 按下深灰色鍵回到 View 並重新選擇 Sound dBA（圖1.24b）。

5. 選擇 Port1，再次對音源感應器進行發聲測試。

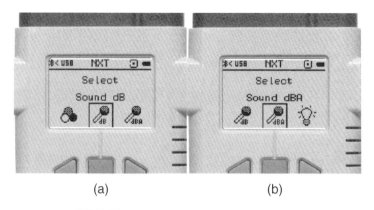

(a)　　　　　　　　　　　　　(b)

圖 1.24　(a) Sound dB、(b) Sound dBA

圖 1.25　說話時的分貝跳動

　　對音源感應器的測試有 Sound dB 跟 Sound dBA 兩種（dB 為英文「分貝」（decibel）的縮寫），前者負責感應所收到的聲音分貝值，而後者則做了些微處理，較貼近人耳所聽到的音量大小，實際使用就能感覺出其中差異。在測試 Sound dB 時，輕輕拍打感應器就會感測到很大的聲響（40、50% 甚至以上），而使用 Sound dBA 測試時，狀況則相對減輕許多，只會顯示偵測到很細微的聲響（幾乎不大於

15%）。接下來如果對兩種測試分別播放有人聲的歌曲時，則是 Sound dBA 的反應較為強烈，偶爾會多出 10% 上下的程度。這兩種測試值可以依據想要偵測的聲音種類不同來運用，也能一併偵測再加以比較等等，在區分、感應不同的聲響時便能夠發揮很好的效果。

玩玩看（Try Me）：

1. 將音源感應器連接到 2 號輸入端。

2. 將一顆馬達接到 B 或 C 任一輸出端（或是使用第四章的車體）（圖 1.26）。

3. 按下 NXT 主機的橘色鍵開機後選擇進入 Try Me，再選擇 Try-Sound。

4. 選擇 Run，系統會提示您使用 2 號輸入端連接觸碰感應器，來對音源感應器發聲測試，馬達會隨著音量轉動（若能配合第四章的車體，便可以使車子隨著聲響前進）。

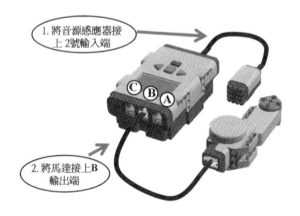

圖 1.26 連接音源感應器與馬達至 NXT 主機

由淺入深
樂高 NXT 機器人與生醫應用實作

這個 Try Me 可以使我們利用聲音的大小來控制馬達的轉速，也可以順便測試音源感應器對不同種類聲音的判別能力。只要能掌握音源感應器對聲音的辨別程度，便能當一個很好的開關功能來使用。在設計程式的時候，也別忘了重複對感應器做出以上測試，就能精準地以聲音大小來做為啟動某些行為的開關。

1 - 5
光源感應器

光源感應器（圖 1.27）本身有兩個形狀像燈泡的透明小半球，一個能夠發出紅光，而另一個則會接收光源，但只能判定黑與白以及介於黑白之間的灰色感應器接收到的光源後會做出判定，愈亮的地方數值愈高，反之愈低。最暗與最亮之間有 100 個數值，所以對純白色的理論上測試值會是 100，純黑則是 0。以下我們拿各種顏色來測試光源感應器的判斷。

感應器前端有兩個燈泡，下方的會發出紅光

圖 1.27 光源感應器

💡 測試（View）：

1. 將光源感應器連接到 1 號輸入端。

2. 按下 NXT 主機的橘色鍵開機後選擇進入 View，再選擇反射光（Reflected light）（圖 1.28a）。

3. 選擇 Port1，用光源感應器對著任一書本上的黑白及灰色（圖 1.30）做出測試。

4. 按下深灰色鍵回到 View，並重新選擇環境光（Ambient light）（圖 1.28b）。

5. 選擇 Port1，再次對光源感應器做出測試（圖 1.29）。

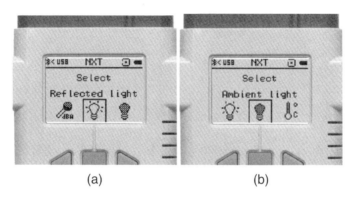

圖 1.28 (a) 反射光、(b) 環境光

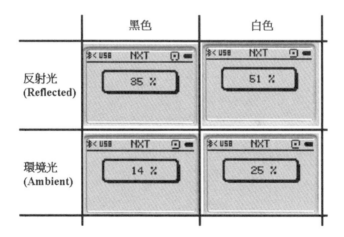

圖 1.29 兩種測試比較

圖 1.30 光源感應器測試

　　細心的人或許在此會發現，選擇反射光（Reflected light）的時候感應器上的其中一個小燈泡會發出紅光，這個模式主要便是測試目標反射紅光的程度，而在選擇環境光（Ambient light）的時候，感應器本身就不會主動發光，只是在測量目標反射外界環境的光而已。

　　觀察兩者的測值之後可以進一步發現，反射光因為有紅光輔助，所測出來的值會比較大。而若測試物體的表面反光能力越強，兩種測試的差距會越大，物體反光能力太強也會使反射光測試的準確度降低（例如表面亮晶晶的黑色，在進行反射光測試時的測值會很大），此時就比較適合使用環境光測試。

玩玩看（Try Me）：

1. 將光源感應器連接到 3 號輸入端。
2. 按下 NXT 主機的橘色鍵開機後選擇進入 Try Me，再選擇 Try-Light。

3. 選擇 Run，系統會提示您使用 3 號輸入端連接觸碰感應器，而對不同的顏色做出測試時，會因為感應到不同的亮度發出不同頻率的聲響。

以上這個 Try Me 可以使我們利用亮度的大小來控制馬達的轉速，感應器對準白紙的時候會快速旋轉，但如果將外界光線隔絕時，則會使馬達停止運轉。如果以這個感應器來改良判定的亮度，或許就能成為一個簡易的鬧鐘，感應到足夠的亮度時，鬧鈴就會響起。

不過這個感應器最重要的應用在於 NXT 機器人比賽時，因此在循跡的判定上幾乎沒有比這個感應器更方便的選擇。當我們希望機器人能夠沿著黑線走時，只要使用這個感應器便能讓機器人擁有區分黑與白的能力，也就是做出黑線上與線外空白的判讀，進一步做出準確度極高的循線前進動作（可參考本書第四章）。

1 - 6
色彩感應器

色彩感應器（圖 1.31）的基本原理與光源感應器一樣，皆是運用物體吸收和反射的光來判定物體的顏色。色彩感應器的前端由 3 個燈泡組成，分別能夠發出色彩三原色的紅光、藍光、綠光，而感應器會依照接收到的反射光來判讀感測物體的顏色。顏色的組成越單純，判定的準確度就越高。

色彩感應器是 NXT 使用上較為進階的一種感應器，使用的目的性比較明確，變化性卻比較小，所以並沒有附在基本款的 NXT 組件中。除非需要明確接收色彩的資訊，否則在某種程度上以光源感應器就足以應付色彩明暗的區別，在本書介紹的的機器人運作裡，色彩感應器也非必要存在，因此在此僅大致介紹，建議讀者先稍微了解，若未來有情況必須接觸再至 LEGO 官網購買及研究即可。

圖 1.31 色彩感應器

由淺入深
樂高 NXT 機器人與生醫應用實作

1 - 7
超音波感應器

超音波感應器（圖 1.32）就像眼睛，能透過計算超音波發射到接收反射的時間差，讓機器人感測到前方的障礙物，而感應器的測量距離極限大約為 5 到 255cm，角度極限則約為 150 度。雖然準度會因為距離拉遠而下降，但能夠清楚感測到大約兩公尺距離的物體，依然使得超音波感應器的應用範圍很大。

圖 1.32 超音波感應器

💡 測試（View）：

1. 將超音波感應器連接到 1 號輸入端。

2. 按下 NXT 主機的橘色鍵開機並選擇進入 View。

3. 選擇 Ultrasonic cm 或 Ultrasonic inch（圖 1.33）。

4. 選擇 Port1，以超音波感應器對物體做出測試（圖 1.34）。

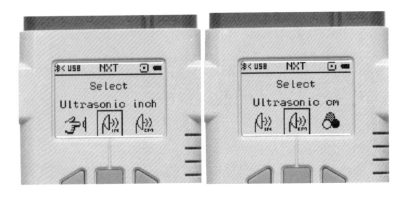

圖 1.33 選擇 Ultrasonic cm 或 Ultrasonic inch

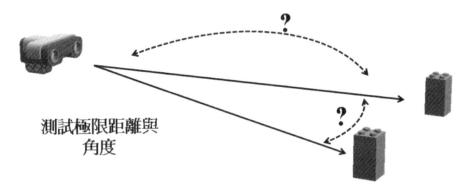

圖 1.34 測試超音波感應器的感應能力

　　在選單上，Ultrasonic cm 與 Ultrasonic inch 兩個選項的差別只在於單位為公分與英吋的不同，測試時不妨以直尺等工具測量比較測量值與實際值的差異，也可以測試一下超音波感應器測量角度的極限。

由淺入深
樂高 NXT 機器人與生醫應用實作

 玩玩看（Try Me）：

1. 將超音波感應器連接到 4 號輸入端。

2. 按下 NXT 主機橘色鍵開機後選擇進入 Try Me，再選擇 Try-Ultrasonic。

3. 選擇 Run，系統會提示您使用 4 號輸入端連接超音波感應器對物體做出測試，而感應器會因為感應到的距離不同而發出不同頻率的聲響。

　　對一個完整的機器人來說，超音波感應器是最能掌握周遭物體遠近的感測方式，所以對需要運動功能的 LEGO NXT 機器人，絕對是不可或缺的一個功能。如果配合馬達使得感應器可以旋轉測試不同方向，就能夠更加完美的避開障礙物行進。這個感應器若跟人類的眼睛相比，缺點是能得到的資訊量太少，基本上只能拿來感測空間、障礙物、目標物，但若是能夠配合機體的移動力與其他感應器獲得的資訊，就能有極多樣化的發揮。

1 - 8
角度感應器

　　角度感應器（圖 1.35）其實就是馬達，也是機器人做出所有動作的基礎。而這裡之所以將它做為一個感應器來介紹，是因為 NXT 的馬達內建精準的角度感應器，可以用角度為單位來控制馬達的運轉，我們可以使用時間或圈數來控制馬達的旋轉，或是接上輪軸（圖 1.36）等輔助來測量距離或是角度。

轉動方向

圖 1.35　角度感應器，也就是馬達。

由淺入深
樂高 NXT 機器人與生醫應用實作

圖 1.36 可以根據需求裝上不同大小及數量的輪子

💡 測試（View）：

1. 將角度感應器（馬達）連接到 B 輸出端。

2. 按下 NXT 主機的橘色鍵開機後，並選擇進入 View。

3. 進入 Motor Rotations，選擇 PortB。

4. 在馬達上連接一個輪子，手動轉動輪子並測試旋轉時螢幕所顯示的數值情況（圖 1.37）。

5. 按深灰色鍵回到 View，選擇進入 Motor Degrees，再選擇 PortB。

6. 一樣手動使輪子旋轉並測試（圖 1.38）。

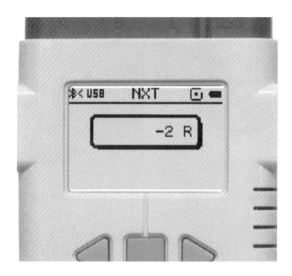

圖 1.37 若是往反方向轉將會測到負的圈數

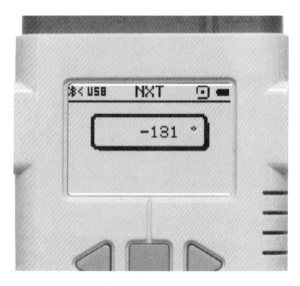

圖 1.38 角度一樣有負值

由淺入深
樂高 NXT 機器人與生醫應用實作

如果想量測一條曲線的長度，可以將馬達裝上輪子，並選擇 Motor Degrees 的測試。我們只要沿著曲線使輪子轉動量測出角度，就可以根據輪子的半徑算出曲線的長度（曲線長＝直徑＊圓周率（π）＊角度/360）。

　　馬達雖然可以被視為是一種感應器，但是更重要的是做為機器人所有移動方式的基礎，也就是將馬達接上輪子來提供機器人移動的能力，進階還能搭配積木、輪軸來達成各種運用。再次提醒，馬達能在運動的同時記錄下轉動的量，而這正是 NXT 一個獲取資訊重要的感應器喔！

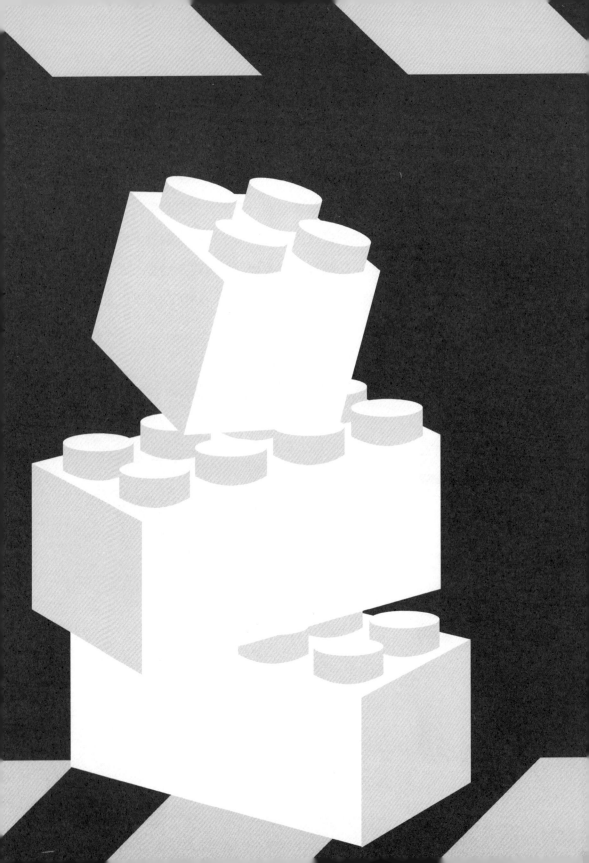

Chapter 2
NXT 基礎應用

在第一章我們先對 LEGO 積木和 NXT 主機的基礎使用做了完整介紹，接下來便正式進入「程式設計」的領域，這是讓 LEGO 可以「動作」的關鍵要素。但究竟要如何透過「程式」讓 NXT 機器人可能在我們預想的情況下，完成所指派的工作呢？圖形化程式編輯軟體（LEGO MINDSTORMS NXT）將可以讓玩家輕鬆上手。

2 - 1
圖形化程式編輯軟體—
LEGO MINDSTORMS NXT

　　對於程式的撰寫，不少朋友會直覺認為是一行行複雜的文字指令所編輯而成，讓人在還沒實作之前就開始卻步。於是 LEGO 公司開發了這套圖形化程式編輯軟體——「LEGO MINDSTORMS NXT」，讓使用者在設計 NXT 機器人時可以更加容易上手。顧名思義，這套軟體稱為圖形化程式編輯軟體，它是利用圖示的組合來取代傳統撰寫程式上的文字指令（圖 2.1），令使用者無論在圖示指令的理解上以及整體程式設計上都會相對的輕鬆；LEGO MINDSTORMS NXT 也相對單純，通常只需要選用幾組經常會用到的指令即可運作，在介面上也設計成類似積木的造型，讓使用者可以更加的親近。接著就讓我們一邊操作一邊瞭解這套軟體的環境介面吧！

```
#include<stdio.h>

int main ()
{
    printf("Hello World\n");
    return 0;

}
```

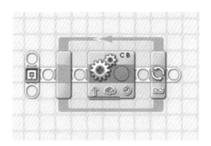

圖 2.1　文字指令與圖形化指令

首先，開啟已經安裝好的 LEGO MINDSTORMS NXT 後，可以
看到圖 2.2 的畫面，接著按下位於 Create new program 區塊中的
Go >>，便已完成建立 NXT 程式的第一步。不過，在正式開始撰寫
程式前，請先藉由圖 2.3 來認識 LEGO MINDSTORMS NXT 環境介
面，之後在操作上將可以更加順手。

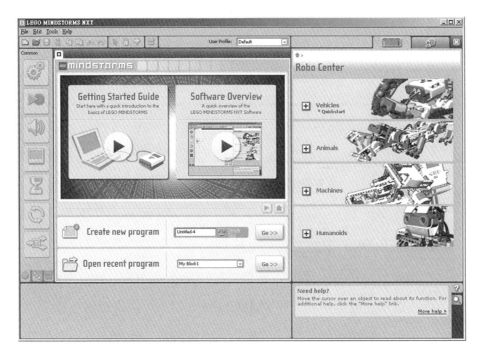

圖 2.2 開啟 LEGO MINDSTORMS NXT 後的介面

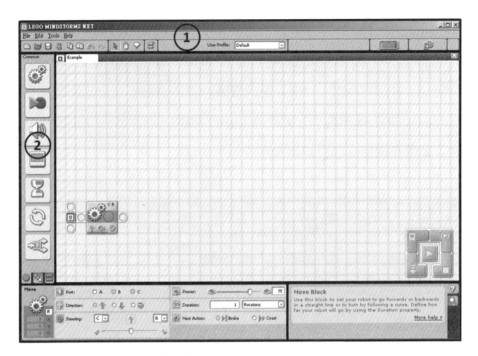

圖 2.3 程式撰寫介面區塊圖

圖 2.3 所呈現的畫面主要分成五大區塊：

1. 工具列：包含上排文字選單與下排圖案工具列（圖 2.4）。文
   字選單功能就像我們平常編輯文件一樣，可以從提供各個子選
   單中去編譯程式或是獲得幫助。下排圖案工具列則分成 3 個欄
   位：

   ① 一般工具：如建立程序（New Program）📄、儲存（Save）
   💾、複製（Copy）🗐 等等。

   ② 寫程式時的操作選項：

   指標工具（Pointer Tool）🔸：平常操作點擊或拖曳指令框
   使用之選項。

由淺入深
樂高 NXT 機器人⊕生醫應用實作

手工具（Pan Tool）🖐：為拖曳背景使用之選項。

註釋工具（Comment Tool）💬：可以在程式區寫下文字註解。

③ 自訂模組（Create My Block）▤：因圖形化程式編輯軟體的缺點就是每個指令圖案很占空間，在寫較複雜程式時會使畫面變得十分混亂，利用自訂模組選項可以把多個指令濃縮成一個，濃縮後的指令圖示也可以重複使用。

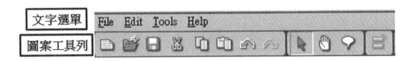

圖 2.4 文字選單與圖案工具列

2. 程式指令集：此區是撰寫程式的指令集所在的位置，也分成 3 個欄位。

① 基本面板（Common Palette）⬤：此為常用指令區。

② 進階面板（Complete Palette）▦：除了第一欄位的所有指令外，增加了進階指令。

③ 自訂面板（Custom Palette）▤：放置自訂模組指令與下載的指令，所有指令都有其獨特的用途，就像是組合積木一樣，只要把不同的指令組合起來，就可能成為我們編寫而成的程式，後面小節會再詳細介紹每個指令。

3. 程式撰寫區：這個區塊分成兩個部分，包括：

① 程式編輯區（圖 2.5a）：將指令集裡的程式拖曳到此區並做組合，進而完成程式。

② 主機控制區（圖 2.5b）：這部分的功能是將 NXT 主機連接上電腦後，透過此區的選項查看主機狀態，如：主機電力、記憶體使用狀況、韌體版本等等，或是將撰寫好的指令載入 NXT 主機中並執行。我們在寫程式的過程中可以利用此區進行測試。

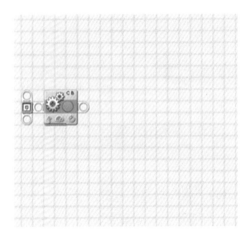 

(a)   (b)

圖 2.5 程式撰寫區 (a) 程式編輯區、(b) 主機控制區

4. 參數設定區：將指令拖曳至程式編輯區後，透過指標工具點擊想設定的指令圖示兩下，即可以在參數設定區做細部調整，每個不同的指令可以設定不一樣的參數，而參數的細微設定便是完成一個 LEGO NXT 機器人設計的重要關鍵。

5. 協助面板：若有不瞭解的指令，可以將該指令拖曳至程式編輯
   區，透過指標工具或是手工具指向想瞭解的指令，協助面板就
   會顯示出此指令的特性與用法，就像是隨時可查詢指令功能的
   小幫手一樣。

2 - 2
基礎操作

在瞭解 LEGO MINDSTORMS NXT 的介面後，接下來介紹其詳細功能與操作步驟，從最基本的使用開始、逐步走入程式的編寫。

首先，先介紹 LEGO MINDSTORMS NXT 的「檔案管理」功能，它可以將文件設定存檔在不同的資料夾中，方便不同使用者將各自擁有的資料夾於同一台電腦上迅速切換使用，也可以用來分別儲存不同功能的程序。操作步驟如下：

1. 點選工具列的文字選單中的「編輯」（Edit），選擇「檔案管理」（Manage Profiles）（圖 2.6）。

2. 在接下來出現的視窗中點選「建立」（Create），將會在「預設」（Default）下方出現一個「新的資料夾」（Profile_1），即可在右下角的「名稱」（Name）欄位為資料夾取名（圖 2.7）。

圖 2.6 編輯 → 檔案管理

圖 2.7 創建資料夾名稱

完成這個步驟後，我們就會在以下這個位置擁有一個資料夾：

…\Documents\LEGO Creations\MINDSTORMS Projects\Profiles\資料夾名稱

本書中將以 Profile_1 作為此資料夾的名稱。

接下來，從螢幕的右上角的「使用者資料夾」（User Profile）選擇目前希望儲存檔案的空間（圖 2.8），前方有打勾符號的為目前使用中的資料夾。特別提醒，雖然這個功能很方便，在使用時需要注意以下 3 點：

1. 切換使用者資料夾時，程式會主動詢問是否要儲存檔案，而此行動預設為存檔而非另存新檔，所以如果開啟的檔案並不在現在這個使用者資料夾中，存檔將覆蓋至原先檔案位置。

2. 由於切換使用者資料夾時，不會關閉工作中的視窗，所以我們也可以利用這個功能來切換編寫不同功能的程式，也因此必須留意自己目前執行的是哪一個程式，以免誤存。

3. 因為 NXT 主要使用的語言為英文，為了避免出錯，資料夾路徑以及檔案名稱都建議盡量使用英文與數字。

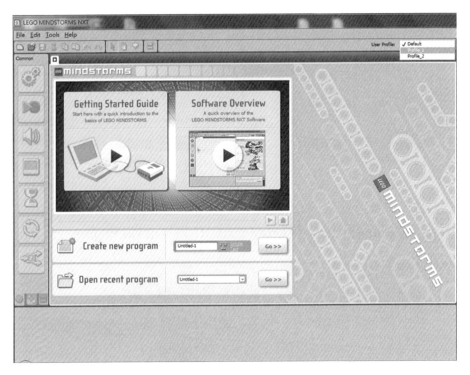

圖2.8 選取使用者資料夾

在選取「使用者資料夾」之後，我們有 3 種方式可以建立或開啟一個程式：

1. 如同2-1所敘述直接從開啟介面選擇「建立」（New）或「開啟」

由淺入深
樂高 NXT 機器人與生醫應用實作

（Open）程式（圖 2.2）。

2. 從工具列的文字選單中選取檔案（File）、建立程序（New）
   或開啟程序（Open）。

3. 從工具列的圖案工具列選取「建立程序」（New Program）、
   「開啟程序」（Open Program）。

在這個情況下，建立的檔案會存檔在目前的使用者資料夾中，而
開啟的檔案則維持在原本的路徑，如果想在這個使用者資料夾也擁有
一個相同的檔案，必須以另存新檔來產生複製。

接著介紹連接電腦與 NXT 主機的功能。在 NXT 的主機右上角
有一個連接電腦專用的 USB 連接埠，也就是 C 輸出端的右邊，有一
個形狀特殊的孔，而 NXT 零件內應該也有一條黑色的線（一端為方
形、另一端為扁形的 USB 線），用來連接 NXT 主機與電腦。

將電腦與主機相接後打開電源，我們就可以看到程式撰寫區的右
下角（圖 2.5b）的連接 NXT 按鈕（圖 2.9）。

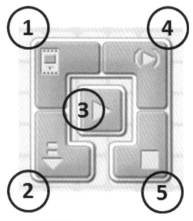

圖 2.9 連接 NXT 按鈕

利用這 5 個按鈕，就可以輕鬆控制 NXT 的傳輸與程式的測試：

1. NXT 視窗（NXT Window）：點開為 NXT 的主機詳細內容，可以查詢 NXT 主機的電量、記憶體狀況、版本等等，並可以改變及管理 NXT 主機名稱、內部資料夾與檔案等等（圖 2.10）。

2. 下載（Download）：將寫好的程式傳輸至 NXT 主機中並儲存於 MyFile 內。

3. 下載並執行（Download and Run）：直接使 NXT 運行當前的程式，這個按鈕通常會在檢測程式效果或除錯時使用，因為使用時會連接著 USB 線，請盡量避免用此功能來測試 NXT 主機大幅移動的程式。

4. 下載定執行選取項目（Download and Run Selected）：直接使 NXT 運行指定的程式片段，在確認部分程式效果時可以節省許多時間。

5. 停止（Stop）：停止執行程式。

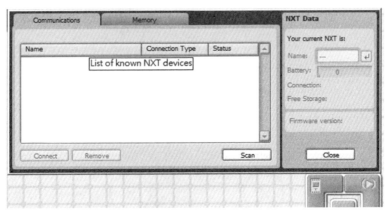

圖 2.10 NXT 視窗

請務必記得，使用連接電腦執行程式時，若 NXT 主機與電腦並非處於連接狀態時會發生錯誤（圖 2.11），請先至 NXT 視窗（圖 2.10）以右下角的掃瞄（Scan）按鈕搜尋連接上 NXT 主機，才能從電腦直接控制測試主機狀況，並隨時下載程式來除錯或是改良。

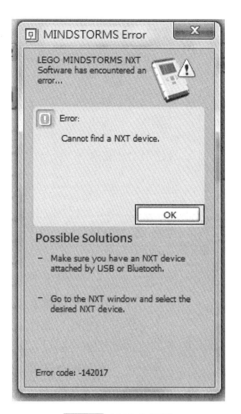

圖 2.11 連接與掃描

範例一：DISPLAY

接下來依照前面說明的步驟，先來玩一次 NXT 的所有功能吧（圖 2.12）！

1. 建立檔案（記得在建立檔案之前要先選擇使用者的資料夾！）

2. 選擇上述第 4 個模組－「顯示」（Display）並拖曳到程式編輯區，連接在開頭的後面。

3. 將 NXT 主機與電腦連接，並將程式下載至 NXT 主機。

4. 按橘色鍵打開 NXT 主機，選擇「我的資料夾」（My files）（圖 2.13）。

5. 選擇「程式資料夾」（Software files），並點選已寫好的程式，按下「執行」（Run）。

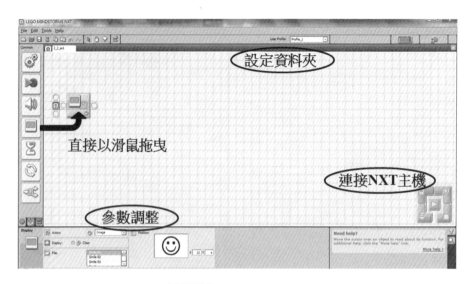

圖 2.12 範例一操作畫面

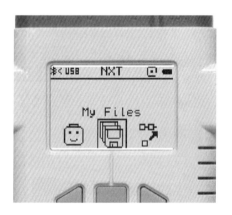

圖 2.13 NXT 主機操作介面

　　只要成功執行出顯示笑臉的畫面，就表示程式順利建立！ LEGO
機器人的程式就是由無數個這種簡單的動作組合而成的，如果還有餘
力的話，也可以試著玩玩看其他的模組，或是試著使用模組的參數設

由淺入深
樂高 NXT 機器人與生醫應用實作

定對笑臉做出變更，或是試做出一個哭臉。接下來的章節，也會對每一個模組作出更進一步的詳細介紹，包含使用、參數設定、編寫邏輯等，可由小到大學習寫出一個完整的程式。讓我們一起使機器人動起來吧！

2-3
運動模組

　　運動模組（　　　）能控制機器人的行進、向前、向後，透過參數的設定來控制機器人的行走距離，甚至還可以做出轉彎的動作，是學習控制機器人運動上最重要的一個模組。使用者只要將運動模組方塊直接拖曳到程式編輯區上，把一個運動模組連接至起點（圖 2.14），就代表啟動機器人之後第一個動作是執行這個動作，接著就可以接上無數個方塊來設定期望機器人接下來做出的各種動作。但這些運動模組會讓機器人往哪個方向走？又要走多久？想詳細的確認或調整這些小細節的話，就需要從參數設定來下手。

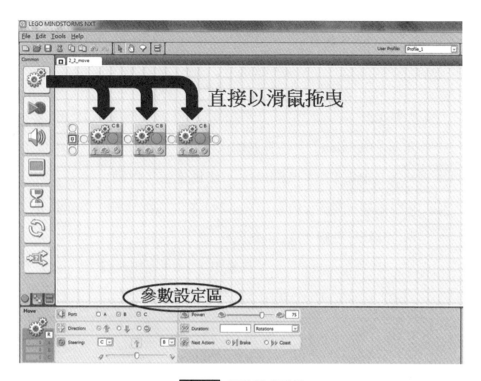

圖 2.14 運動程式編輯

　　參數的設定能提供我們更加詳細設定機器人的動作,例如要讓機器人轉彎,只要設定詳細的參數就可以控制它轉的方向、轉的角度等等,而每一個模組能夠調整的參數都有所不同。寫程式時,一定要透過參數來做出細微的設定,使機器人做出最理想的動作。以下先介紹運動模組的參數設定(圖2.15),由左至右、上至下一共有以下6項設定。

　　1. 連接埠(Port):一台NXT主機有3個輸出埠,通常習慣兩輪機器人以B和C分別對應右輪和左輪,A輸出埠則通常用於機械臂等馬達,選項勾選為複選。

2. 方向（Direction）：有前進、後退、停止等 3 個選項。

3. 轉向（Steering）：這個選項為兩輪機器人的調整項，可以決定行進時是否要向左右轉，需要配合機體來調整角度大小。

4. 力道（Power）：馬達的出力大小，最小為 0、最大為 100。

5. 為期（Duration）：右方為輸入欄位，填入數值，左方選項第一項為無限制（Unlimited），使馬達永久轉動，後 3 項則是單位選項，依序有角度（Degrees）單位為度、轉動（Rotations）單位為圈、秒數（Seconds）。

6. 下一步（Next Action）：有煞車（Break）和滑行（Coast）等 2 個選項，煞車用於精確掌握動作的結束，缺點為比較耗電。

圖 2.15 參數設定

接下來我們回到電腦看一開始拉出來的 3 個運動模組方塊，都有一樣的這 6 個項目，先試著設定參數來完成以下【範例二】的動作。

圖 2.16 走動的設定

由淺入深
樂高 NXT 機器人 與 生醫應用實作

🔍 **範例二：**

模組方塊 1（圖 2.17a）：

1. 輸出埠、方向、轉向、力道和下一步均使用預設。

2. 為期在左方輸入 3，右方則挑選「秒」（Seconds）為單位。

模組方塊 2（圖 2.17b）：輸出埠使用預設，方向設定為停止。

模組方塊 3（圖 2.17c）：

1. 輸出埠、轉向、力道和下一步皆使用預設。

2. 方向改為向後。

3. 預設單位即為轉動圈數不調整，左方欄位輸入 5。

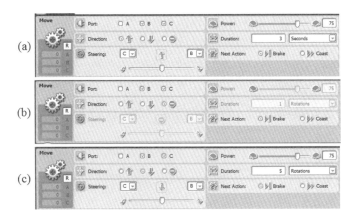

圖 2.17 模組方塊設定

調整完成後即可以看到在【範例二】的程式編輯區上（圖 2.18），3 個運動模組方塊的小圖示不盡相同，這是因為根據動作的不同，方塊也會跟著有所改變，提示著某些設定上的訊息，也就是說我們透過觀察程式編輯區上的模組方塊，就可以大概了解該行為的設定。

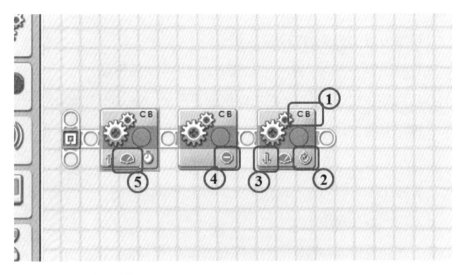

圖 2.18 編輯區運動模組方塊差異比較

運動模組方塊的差異（圖 2.18）：

1. 右上角為輸出埠，有順序差異，故 CB 與 BC 左右馬達相反。

2. 右下角顯示動作單位。

3. 左下角顯示行進方向，有前後以及各角度轉向。

4. 當設定為停止，則只剩一個符號於右下角。

5. 下方中央為馬達出力狀況，橘色為出力大小。

到目前為止，已經完成【範例二】的程式部分，接下來只要組裝好「可以執行這個程式的機器人」，並下載此程式到 NXT 主機中，就可以做出【範例二】的動作了。而所謂「可以執行某程式的機器人」，是指已裝有程式內所使用到的感應器、馬達、燈泡等的機器人。例如【範例一】只有使用到顯示功能，所以單靠一台 NXT 主機便可

以執行，而【範例二】則需要一對馬達當輪子使用，這時候就需要組裝 LEGO 積木，如果您還沒有組裝機器人的概念，可以參考本書第三章所使用的車體，熟悉了之後再自己創造或加以改良。

由【範例二】的操作過程中，我們可以深刻體會「程式與機器人是相互呼應的」，不只機器人需要程式才能動作，程式也需要機器人的配合才能完全的發揮效果。所以在實際設計程式時，會不斷地用機器人執行、修正、再執行，並依照需求固定某些變數來測試修改其他變數。要理解自己的機器人，才能寫出順利配合的程式，也別忘了使用第一章教的 View 功能，重複確認感應器接收到的數值來調整程式內的參數喔！

而有些在構想階段沒想過的問題，有時也會在程式與車體結合時冒出來，譬如在設計需要轉彎的機器車體時，就會關係到左右輪的距離以及輪子大小，而影響到轉向的角度與速度，對大車來說設定剛好的轉彎程式，放到小車上卻會變成原地旋轉。所以程式並不只是單單依照概念撰寫就好，而應該實際配合機器人的構造經過測試才會知道是否符合需求。

2 - 4
聲音與顯示模組

聲音模組（  ）提供使機器人發出聲音的功能，藉由 NXT 主機上的喇叭，可以播放一些內建的音效，也可以從電腦上下載聲音檔使用，甚至編排數個單音的播放來編寫演奏曲子。而聲音模組參數設定包括（圖 2.19）：

1. 動作（Action）：選擇播放「音效檔」（Sound File），還是單個「指定音節」（Tone），此選項會影響第 5 個參數內容。

2. 控制（Control）：可以選擇左邊「播放」（Play）或是右邊「停止」（Stop）。

3. 音量（Volume）：音量的大小，和馬達一樣最小為 0、最大為 100。

4. 功能（Function）：此欄位可以勾選使音效檔不斷重複播放的選項。

5. 檔案（File）／音符（Note）：若是第一項動作選擇播放音效檔，就可以在此選擇 LEGO MINDSTORMS Edu NXT 安裝路徑音效資料夾中的檔案來播放，而若是選擇播放單音節聲響的話，可以從 C 到高兩個八度的 C 之間指定音符，並可以輸入播放持續時間。

6. 等待（Wait）：此欄位可以勾選是否要等待音效播放完畢，如
   果取消勾選的話，音效播放將與下一個模組一起進行。

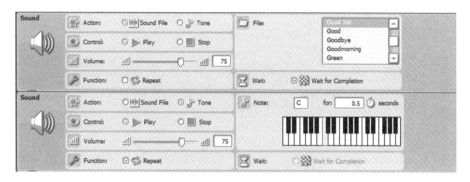

圖 2.19 聲音模組參數設定

　　在此特別解說「功能」（Function）的「重複播放」（Repeat）
與「等待」（Wait）的「等到結束」（Wait for Completion）的詳細
使用方式。在未勾選 Repeat 選項時，Wait for Completion 為預設選項，
也就是機器人會持續播放音效，直到音效播放結束才會繼續下一個動
作。但若勾選了 Repeat 選項，Wait for Completion 的選項就自動被取
消，音效播放會跟著其他動作一起持續進行，直到有指令使它停下為
止。

　　顯示模組（　　）可以在 NXT 主機螢幕上顯現出文字與圖樣，
也提供了繪圖的功能與內建一些方便簡單的小圖示，下面我們直接從
參數設定來看看顯示模組能夠做到那些事。

顯示模組參數設定（圖 2.20）：

1. 動作（Action）：一共有4種動作選項，由上而下分別為「圖像」
   （Image）、「文字」（Text）、「繪畫」（Drawing）、「重
   設螢幕」（Reset）。

2. 顯示（Display）：勾選 Display 將會在清除畫面上的所有文字
   與圖樣，如果不勾選則可以利用多筆畫重疊來建構更複雜的圖
   樣。

3. 檔案（File）：當動作選擇為圖像時，此處可以選擇要顯示內
   建的哪個圖像。

4. 文字（Text）：當動作選擇為文字時，此欄位可以輸入欲顯示
   於畫面上之文字。

5. 類型（Type）：當動作選擇為繪畫時，可以在此選擇要畫「點」
   （Point）、「線」（Line）抑或只是「圓」（Circle）。

6. 位置（Position）：可以直接用滑鼠在圖樣或文字上面拖曳，
   調整欲顯示於 NXT 主機螢幕上的位置，也可以在旁邊的 X 和
   Y 的欄位上輸入數字定位，（0,0）為左下角。

　　NXT 主機的螢幕相素只有 100×64 pixels，沒辦法顯示太複雜的
圖案，但在運用上卻是很方便的功能，可以穿插在較大的程式中用來
提示現在程式執行的階段，也可以做出有趣的畫圖動作。接下來以
【範例三】來測試 NXT 主機的顯示與發聲狀況。

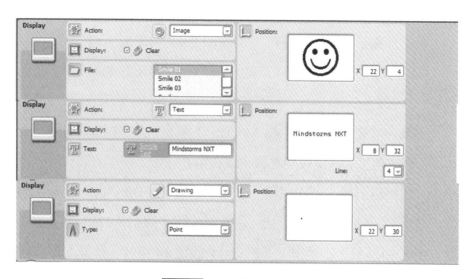

圖 2.20 顯示模組參數設定

範例三：畫星星

先拉出 6 個顯示模組方塊跟一個聲音模組方塊，前面 6 個顯示模組的「動作」（Action）都改為「繪畫」（Drawing）、取消勾選「顯示」（Display）的「清除」（Clear），再將「形式」（Type）都改為「線」（Line）。而聲音模組我們只調整音效檔（file）選擇 OK 的音效。

接下來分別填入 6 條線的兩個端點：

模組方塊 1：(X:50 Y:56)　　　End Point：(X:71 Y:20)

模組方塊 2：(X:71 Y:20)　　　End Point：(X:29 Y:20)

模組方塊 3：(X:29 Y:20)　　　End Point：(X:50 Y:56)

模組方塊 4：(X:29 Y:44)　　　　End Point：(X:71 Y:44)

模組方塊 5：(X:71 Y:44)　　　　End Point：(X:50 Y:8)

模組方塊 6：(X:50 Y:8)　　　　End Point：(X:29 Y:44)

　　這樣一來就完成設定（圖 2.21），下載至 NXT 主機看看能不能畫出一個六角星，確定成功之後可以在第 6 個顯示模組方塊後面，再插入一個模組方塊，這次我們一樣用「繪畫」（Drawing）、取消勾選「清除」（Clear）、「形式」（Type）用「圓」（Circle）、圓心設定為 X:50 Y:32、「半徑」（Radius）設定 24 英吋。依此設定完成的成果是不是很漂亮呢？如果畫出來的圖很奇怪的話，可以回頭點開每個模組方塊看看，或許是有哪個「清除」（Clear）忘記取消勾選了喔！

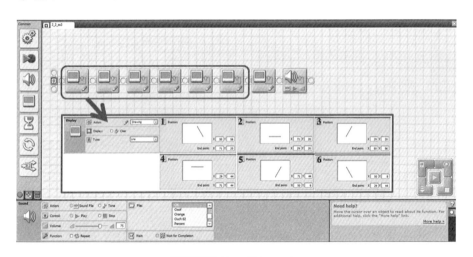

圖 2.21 範例模組設定

由淺入深
樂高 NXT 機器人 與 生醫應用實作

📝 練習 2-4

利用前面學習過的 3 個模組方塊，並參考【範例二】與【範例三】的程式寫作方式，做做看以下練習：

1. 走動與發出聲響

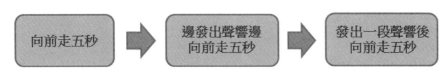

圖 2.22 練習之流程圖

2. 在地上放置一個目標物，寫出一個程式使機器人可以繞著目標物不斷旋轉。

3. 在車體周圍的地上畫出停車格，寫出一個程式讓它開出來並頭尾對調停回去。（進階練習）

⚠️ 小叮嚀：

· 如果沒辦法使機器人一邊移動一邊播放音樂的話，可以回頭研究 2-4 小節所介紹的「等到『結束』」（Wait for Completion）的詳細使用方式。

· 可能需要多次調整車速與轉彎的角度，才能成功維持住繞圓的動作，耐著性子慢慢加油吧！

· 需要使用到的機器車，可以參考 LEGO 公司官方教學或本書第四章來製作。

2 - 5
等待模組

在撰寫程式時，等待模組（　）是一個不可或缺的工具，我們都是依靠這個模組作出訊息的判斷來觸發接下來的動作，也藉此運用各種感應器作為啟動程式動作的開關。作為一個基礎工具，在學習中務必理解它的運作方式，才有可能在將來更複雜的程式中做出更有效率的應用以及變化。

等待模組能夠將感應器與動作連結，點選面板上的模組就會發現，右方出現一列 6 個不同的模組方塊，由左至右分別對應計時器、觸碰感應器、光源感應器、音源感應器、超音波感應器和色彩感應器（圖 2.23），也就是對應著 6 種不同的訊息，包括時間、碰撞、光、聲響、距離還有顏色。而等待模組，就是告訴機器人在收到的訊息超過（有可能是高於或是低於）一個設定值時接下來的反應動作，簡單來講就是類似一個開關的功能。

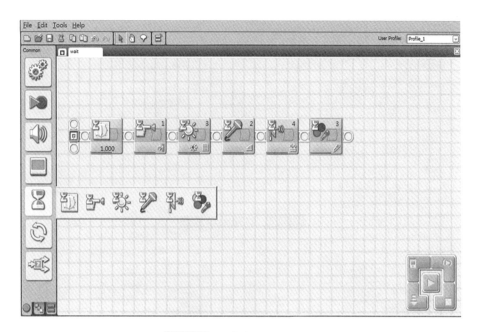

圖 2.23　各感應器模組方塊

　　以下我們先想像一個實際應用的示範，要做一個聽到周圍有聲響
就會打招呼的機器人，當感應到旁邊的人關燈打算離去時，就會跟他
道別。這個程式會使用到兩個等待模組，步驟如下：首先在編輯區上
依序拉出等待模組－聲音、聲音模組、等待模組－光源，還有聲音模
組等 4 個方塊（圖 2.24）。接著我們先分別把兩個聲音模組參數：音
效檔改成 Hello 還有 Goodbye，最後再將等待模組－光源的參數：直
到（Until）改成小於（<）、數值填入 5（圖 2.25）。這兩個等待模
組的意思就是說「等到收到聲音的時候就播放音效」還有「等到收到
的光線小於 5 的時候就播放音效」。

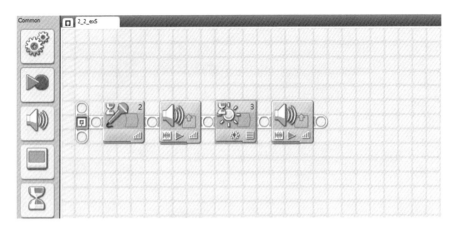

圖 2.24 編輯區示意圖

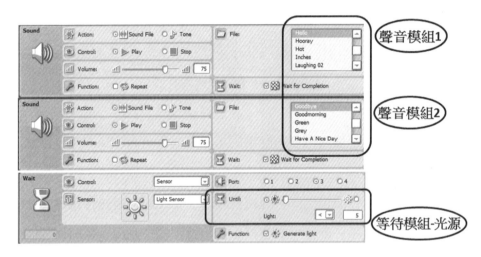

圖 2.25 各模組設定

　　等待模組的基本應用方式就如同上述範例一般，在程式設計上需要等機器人接收到訊息才做出動作的時候，就是使用等待模組的好時機，而透過各種參數設定也會使得應用範圍變得很大，以下一一詳細介紹。

由淺入深
樂高 NXT 機器人與生醫應用實作

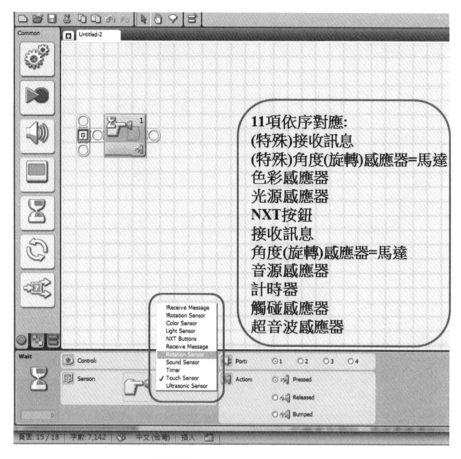

圖 2.26 感應器方塊設定方式

🕐 等待模組參數設定：

1. 控制（Control）：等待模組的方塊可以透過參數設定互通，
   這個變數有「時間」（Time）以及「感應器」（Sensor）兩種
   選項。選擇時間就會成為基礎 6 項中的第一個時間方塊，選擇
   感應器則可以成為各種訊息的方塊。

2. 直到（Until）／感應器（Sensor）：若是第一項選擇時間的話，

在此可以填入秒數，使機器人在等待該秒數之後，執行下一個模組方塊。

若是選擇感應器的話，就可以在這裡選擇要成為哪一個感應器的方塊（圖 2.26），以下依方塊不同分別講解各項參數，前 5 項為表單上可以直接拉出來的方塊，後 4 項則為選單上才有的功能：

1. 觸碰方塊（Touch）－觸碰感應器（圖 2.27）：

   ① 連接埠（Port）：觸碰感應器預設為 1 號輸入端，每種感應器都有 NXT 官方預設使用的連接埠，非不得已的情況下盡量不更動。

   ② 動作（Action）：有按壓（Pressed）、放開（Released）和碰撞（Bumped）3 種狀態，注意「碰撞」要感應到按下再放開才會有所反應。

圖 2.27 觸碰感應器參數設定

2. 光線方塊（Light）－光源感應器（圖 2.28）：

   ① 連接埠（Port）：光源感應器預設為 3 號輸入端。

   ② 直到（Until）：上方的調整橫條與下方的輸入區是互相連通的，設定的是觸發值，也就是達到設定的條件才會執行

由淺入深
樂高 NXT 機器人與生醫應用實作

下一個動作。有大於和小於兩種選項，填入值則介於 0 到
100 之間。

③ 功能（Function）：可以勾選使感應器主動發光，以做出
當初測試感應器時環境光與反射光兩種不同的應用。

圖 2.28 光源感應器參數設定

3. 聲音方塊（Sound）－音源感應器（圖 2.29）：

① 連接埠（Port）：音源感應器預設為 2 號輸入端。

② 直到（Until）：同光源感應器，填入值也是介於 0 到 100
之間。

圖 2.29 音源感應器參數設定

4. 距離方塊（Distance）－超音波感應器（圖 2.30）：

① 連接埠（Port）：超音波感應器預設為 4 號輸入端。

② 直到（Until）：填入值介於 0 到 100 英吋之間，換算成公

分為單位的話則是介於 0 到 250 公分。

③ 顯示（Show）：選擇單位為「英吋」（Inches）或是「公分」（Centimeters）。

圖 2.30 超音波感應器參數設定

5. 顏色方塊（Color Sensor）－色彩感應器（圖 2.31）：

① 連接埠（Port）：色彩感應器預設為 3 號輸入端。

② 動作（Action）：有光源以及色彩兩種模式可以選擇，選擇光源模式就會將色彩感應器當作光源感應器來使用，下方參數也會跟著變成類似光源的參數，並有紅、藍、綠三色光可以主動發出幫助偵測。選擇色彩模式可以偵測顏色範圍。

③ 直到（Until）：有介於（Inside Range）與不介於（Outside Range）兩種選項，下方橫條則可以調整色彩，大致有黑、藍、綠、黃、紅、白等 6 種，一樣是作為觸發值的判斷。

圖 2.31 色彩感應器參數設定

6. NXT 按鈕（NXT Buttons）（圖 2.32）：

① 按鈕（Button）：可以選擇作為觸動的有中間的橘色按鈕
輸入鍵（Enter Button）、左鍵（Left Button）、右鍵（Right
Button）。

② 動作（Action）：一樣有按壓、放開和碰撞等 3 種狀態。

圖 2.32 NXT 按鈕參數設定

7. 接收訊息（Message）（圖 2.33）：

① 訊息（Message）：可以選擇接收訊息的資料型態，有「文
字」（Text）、「數字」（Number）以及「邏輯值」（Logic），
而下方的欄位則為資訊校驗，可輸入數值比對接收到的訊
息，在選擇邏輯值的情況下則可以選擇真或是假。

②信箱（Mailbox）：NXT 共有 10 個信箱可供使用，一個信箱可儲存 5 條訊息，但請注意，若是超過儲存上限時，第 6 條將取代第 1 條。

圖 2.33 接收訊息參數設定

8. 馬達（Motor）－角度感應器（圖 2.34）：
①連接埠（Port）：角度感應器的接收預設 A 輸出端作為輸入端。
②動作（Action）：設定角度感應器開始讀取轉動（Read），或是要將資料作清除歸零（Reset）。
③直到（Until）：在此有 4 個變數調整，勾選向前或向後、下拉選單大於（＞）或小於（＜）、欄位填入數值、下拉選單選擇單位角度（Degrees）或是圈數（Rotations）。

圖 2.34 角度感應器參數設定

由淺入深
樂高 NXT 機器人與生醫應用實作

9. 計時器（Timer）（圖 2.35）：

　①計時器（Timer）：內建有編號 1 到 3 的 3 個計時器可供使用。

　②動作（Action）：設定計時器開始計時（Read），或是要將資料作清除歸零（Reset）。

　③直到（Until）：下拉選單大於（＞）或小於（＜）、欄位填入數值、下拉選單選擇單位角度（Degrees）或是圈數（Rotations）。

圖 2.35　計時器參數設定

　　以上是對所有不同種類等待模組方塊的詳細參數調整介紹，每個模組的詳細參數都不盡相同，可以運用於各種方式的啟動開關，以及動作途中觸發改變的機能。在此建議讀者至少要熟習觸碰、光源、音源、超音波感應器和計時器這 5 個最常使用的等待模組。以下【範例四】練習等待模組的使用方式與程式編輯邏輯。

範例四：等待

接收到聲音作為啟動 ➡ 向前行進直到碰到牆壁 ➡ 停下等到再次收到聲音 ➡ 向後走兩個輪距並右轉90度

圖 2.36 範例流程圖

　　為了讓沒有程式撰寫基礎的讀者也能明白前因後果，在此我們將依序詳細講解其思考步驟與程式編輯的邏輯。本範例的目標為完成以上 4 個動作，我們可以將動作拆解成「當前動作」與「觸發下一動作條件」如下圖 2.37：動作分別為：停、向前、停、向後並轉彎，而改變動作的觸發為：音源、觸碰、音源等 3 個來源。

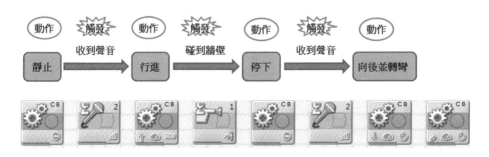

圖 2.37 程式編輯區操作

　　於是我們可以在程式編輯區上將運動模組方塊拉出來，分別為1、3、5、7+8（因為向後並轉彎是兩個動作連接在一起，故有兩個運動方塊）。接著將 3 個等待模組方塊插入其中，即為 2、4、6。接著調整參數（圖 2.38）。

模組方塊 1：一開始動作為停止。

模組方塊 2：收到大於某個程度的聲音，就開始動作。故參數設定為大於「某數值」。我們可以視周圍雜音的大小選擇啟動的音量大小，建議設定值為 40-70。

模組方塊 3：收到聲音後做前進的動作，在碰撞前要不斷地往前走，所以時間要選擇「無限制」（Unlimited）。

模組方塊 4：設定「觸碰」為下一步的開關。

模組方塊 5：馬達停止。

模組方塊 6：同模組方塊 2，收到大於某個程度的聲音，就開始動作。

模組方塊 7：向後行進兩個輪距。

模組方塊 8：向右轉彎，在這裡轉向的角度關係到車體狀況，需實際測試並調整來達成右轉 90 的目標。

模組方塊

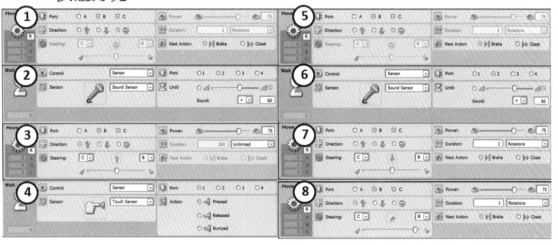

圖 2.38 模組方塊參數設定

編寫程式的基本概念就是以上這些步驟，將要做的事一一分解，按照順序連接動作與判定，等到熟悉操作之後，或許您會發現其實方塊 1 與方塊 5 是多餘的，因為在沒有方塊的同時，機器即為停止行進的狀態，正因如此，我們的程式可以加以精簡成圖 2.39，除非我們要刻意強調使機器人停下的行為，否則程式一開始可以不必特別將「停止」的狀態寫出來。

圖 2.39　精簡化的範例四

由淺入深
樂高 NXT 機器人與生醫應用實作

2 - 6
迴圈模組

　　迴圈模組（　　　）和接下來介紹的「判斷模組」所使用的概念在學習寫程式時是極重要的基礎，熟練之後對撰寫程式的邏輯判斷有很大的幫助，所以務必多多練習與思考，清楚所有範例的步驟與前因後果，並嘗試自己推論、模擬與練習。

　　迴圈模組是一個包覆型的模組，使用時會將其他的模組方塊放入迴圈之中，使那些動作反覆執行多次，而透過條件的設定如次數、時間、感應器等等，可以決定在甚麼情況下，動作將會重複執行，而甚麼情況將停止重複的動作，甚至在更複雜的程式設計上，迴圈包覆迴圈的情況也很常見，是程式邏輯上一個不可或缺的項目。

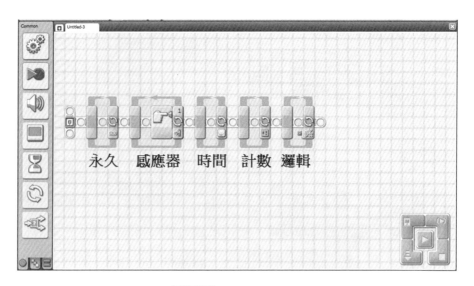

圖 2.40 迴圈模組介紹

🕐 迴圈模組參數設定：

1. 控制（Control）： 控制迴圈的類型，包括 5 種形式，選項由
   上而下分別為「永久」（Forever）、「感應器」（Sensor）、
   「時間」（Time）、「計數」（Count），還有「邏輯」（Logic），
   其原理與參數的詳細設定為（圖 2.40）：

   ① 永久（Forever）（圖 2.41）：

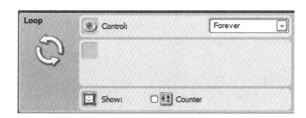

圖 2.41 迴圈模組參數設定

由淺入深
樂高 NXT 機器人🐢生醫應用實作

② 感應器（Sensor）（圖 2.42）：

　　a. 感應器（Sensor）：此下拉選項和等待模組的內容幾乎一模一樣，以感應器接收到的數值決定迴圈是否繼續。為避免和等待模組內容重覆，在此以觸碰感應器作為代表，僅提示迴圈部分的使用技巧，不再贅述細節。

　　b. 連接埠（Port）：此預設輸入端與感應器相互對應，熟悉之後應該能夠對各感應器所使用的連接埠有所印象。再次提醒，這些預設的連接埠在非不得已的情況下盡量不予以更動。

　　c. 動作（Action）：後方的設定根據所使用的感應器會有所不同，卻和等待模組使用的參數設定相同，若有不熟悉的地方請務必翻閱前面的章節來複習。

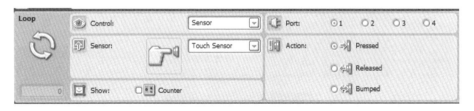

圖 2.42 迴圈模組參數設定

③ 時間（Time）（圖 2.43）：

　　a. 直到（Until）：這個迴圈直接控制整個迴圈所包覆住的動作執行的時間，時間一到就停止動作跳出迴圈，使用單位為秒。

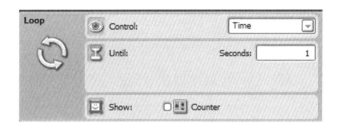

圖 2.43 迴圈模組參數設定

④計數（Count）（圖 2.44）：

    a. 直到（Until）：計數最基礎的一個迴圈功能就是 Until，
       設定迴圈執行幾次，程式會完整重複迴圈內的動作該次
       數之後才繼續執行後續動作。

圖 2.44 迴圈模組參數設定

⑤邏輯（Logic）（圖 2.45）：

    a. 直到（Until）：邏輯指的就是布林值的判定，也就是「是
       與非」、「真與假」的二選一判斷，這裡有一個輸入值
       的接頭，當勾選的「真與假」與傳送進來的「真與假」
       兩個相同的時候，迴圈就會停止。舉例來說，當參數勾
       選為真，就代表傳入值為真的時候會停止迴圈。

由淺入深
樂高 NXT 機器人與生醫應用實作

圖 2.45 迴圈模組參數設定

2. 顯示（Show）：這裡可以選擇要不要顯示迴圈的執行次數，以便觀察、使用或是偵錯，基本上所有迴圈都會有這個功能以便幫助程式的運行。

🔍 範例五：迴圈

圖 2.46 範例流程圖

　　仔細看看本範例的內容，是不是覺得有點似曾相似，其實這些動作的本體在【範例四】已經都做好了，我們只要利用前面所學的迴圈，將程式改良來一直重複後半段動作。

　　這次的動作內容主要如圖 2.47a，觸發的點就是「碰到牆壁」。這個動作一共要重複 6 次，動作內容就和【範例四】有點像（圖 2.47b），所以我們把 (b) 的程式內容放入迴圈，再接上開頭的部分，就完成了【範例五】（圖 2.48）。基本上模組方塊的參數設定都跟【範例四】一模一樣，另外我們第一次使用的迴圈模組，這次選用的為計數（Count）迴圈，參數設定則如圖 2.49。

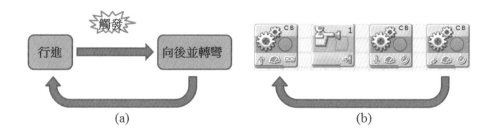

(a)　　　　　　　　　　　　　(b)

圖 2.47　程式編輯區操作

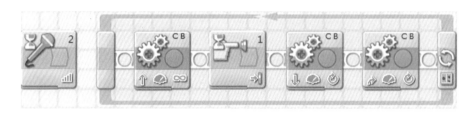

圖 2.48　【範例五】完整程式編輯

圖 2.49　迴圈參數設定

　　迴圈模組常常會結合判斷模組，建構出一個不停判斷並一邊行進的動作，詳細情形在此先賣個關子，請接著學習判斷模組後，再來練習組合應用的方式吧！

由淺入深
樂高 NXT 機器人與生醫應用實作

2 - 7
判斷模組

　　了解並實際操作等待模組與迴圈模組後，您應該已經對程式的編寫邏輯有基本的概念，而本節要介紹的判斷模組（　　　）更是一個非常重要的功能。由於生活中充滿了各式各樣的選擇，若要把這些選擇寫成程式的話，最直觀的方式就是運用「判斷模組」。舉例來說，「判斷模組－觸碰方塊」是一個片段的程式，判斷觸碰感應器有沒有被壓下，若被壓下則執行上半部的動作向左轉，反之則執行下方的向前走（圖 2.50）。這個程式執行的動作，與 2-5 練習的內容十分相似，仔細思考後會發現，判斷模組是一種等待模組的延伸運用，比較方便也比較符合人性直覺。

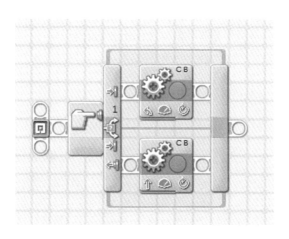

圖 2.50 判斷模組舉例

⏱ 判斷模組參數設定：

1. 控制（Control）：控制判斷的類型。有感應器（Sensor）與數值（Value）兩種不同的判斷工具。

   ① 感應器（Sensor）（圖 2.51）：

      a. 感應器（Sensor）：此下拉選項在等待模組與迴圈模組已經看過了兩次幾乎一模一樣的內容，所以這個章節只以觸碰感應器作為代表，將重點放在判斷的使用上。

      b. 連接埠（Port）：預設輸入端與感應器相互對應，觸碰感應器在預設上都會使用 1 號輸入端。

      c. 動作（Action）：後方的設定根據感應器皆有不同，判斷模組一樣有 11 個不同的感應器判斷，可以自行在電腦上操作看看。

圖 2.51 判斷模組參數設定

   ② 數值（Value）（圖 2.52）：

      a. 型態（Type）：數值的判斷模組主要是由傳入的資料來決定走向哪個分歧，而「型態」這個項目就是由下拉選單設定傳入的資料型態為何，有「邏輯值」（Logic）、「數值」（Value）、「文字」（Text）等 3 種選項。

由淺入深
樂高 NXT 機器人與生醫應用實作

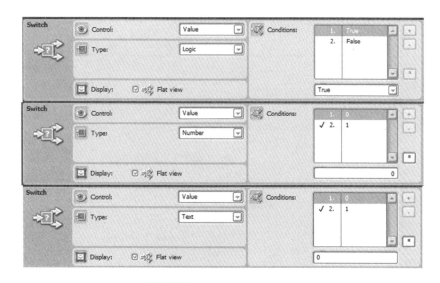

圖 2.52 判斷模組參數設定

b. 狀態（Conditions）：顯示並可以調整判斷的分歧選項。
   當使用「邏輯值」（Logic）時，因為只有真／假兩種
   可能，故無法更動，而使用「數值」（Value）及「文字」
   （Text）時則可以點選項目加以調整。

   調整方式如圖 2.53，先取消勾選下方「平面測試」（Flat
   view）的選項，右側的新增選項可以增加選項，使判斷
   的分歧能夠大於兩種可能性。滑鼠點選選項之後可以在
   下方欄位輸入判斷的數值，也就是當收到該數值之後會
   進入此判斷。而右側的預設選項則是設定在不符合所有
   選項時，程式會進入該判斷（圖 2.54）。

滑鼠選擇欲改變之選項

新增/刪除
選項

預設選項

取消勾選　　　　　　　　進入選項之判斷數值

圖 2.53 調整方式

新增第三個分歧選項

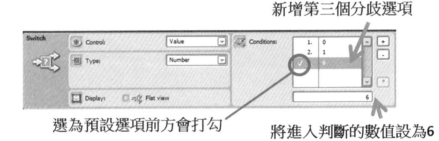

選為預設選項前方會打勾　　　將進入判斷的數值設為6

圖 2.54 參數設定範例

更改設定之後，若收到數值 0 則走第一條分歧、收到 1 則走第 2 條分歧、收到 6 以及其餘所有數值則走第 3 條分歧。

2. 顯示（Display）：選擇判斷模組的顯示方式。勾選平面測試 （Flat view）時會以上下分歧的方式來表現比較，符合直覺也 便於觀察，缺點則是會分成上下兩塊，占據程式畫面很大的空 間。不勾選時則以標籤分頁的切換方式來表現，會使操作上比 較麻煩，但使畫面看起來較簡潔，各有優缺點。另外提醒，若

判斷的分歧選項不只一項時，則強制無法勾選平面測試（圖
2.55）。

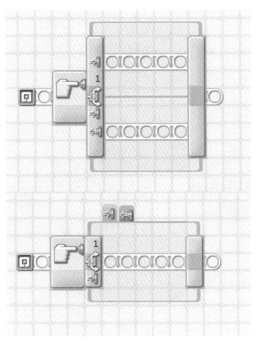

圖 2.55 不同的顯示方式

🔍 範例五：沿著黑線走

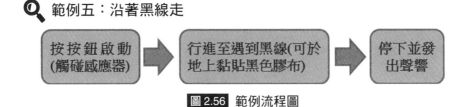

圖 2.56 範例流程圖

本範例比起前面的一些練習相對容易，主要是將兩個等待模組放在適當的位置，另外就是車體的組裝與光源感應器的架設和測試。可以說是第四章示範的循跡車前身。

但請注意光源等待模組的設定，因為一開始走在較亮的地上，遇到黑色線時停止，故「直到」（Until）參數的設定會是小於「某數值」，至於實際要設定多小就要看地板白色的數值與黑線的數值來決定。不妨先拿感應器到行走處測試看看，相信能使機器人的判讀更加準確。

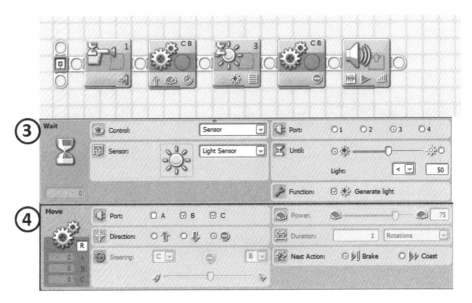

圖 2.57 範例參數設定及程式編輯區操作

📝 練習 2-7

1. 寫一個程式使車子啟動後向前直行，每次接收到拍手聲就右轉，而當撞到牆壁則停止（車體前端安裝觸碰感應器）。

2. 寫一個程式使車子沿著右邊的牆壁走（如下圖）（進階）。

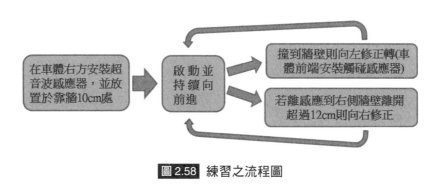

圖 2.58 練習之流程圖

2 - 8
記錄／學習模組

紀錄與學習模組（）是一個特別的模組，它使用學習記錄功能，讓機器人可以把剛剛做過的動作記錄下來，然後再重複模仿一遍。

🕐 記錄／學習模組參數設定（圖2.59）：

1. 動作（Action）：選擇此模組的動作是紀錄還是播放。
2. 名稱（Name）：若是選擇紀錄的話，在此欄位為記錄下來的動作取名，若是播放的話則是輸入先前紀錄過的檔案名稱。
3. 紀錄（Recording）：此選項為記錄專用，決定要錄下哪 A、B、C 哪幾個馬達的動作，可以複選。
4. 時間（Time）：輸入紀錄的時間。

圖2.59 記錄、學習模組參數設定

在此提醒，這個模組在特定情況方便好用，卻不是完全精確，而且它能夠紀錄的只有馬達，聲音、顯示、燈光等等都無法重現，導致在應用上並沒辦法那麼便利，且較無變化性。

Chapter 3
NXT 進階應用

本章主要介紹常用模組以外的實用模組方塊，這些模組可以對資料作出更完善的傳輸、紀錄、修改、使用等動作。以這些模組為基礎，使資料能夠在模組方塊之間互相傳遞，進而讓 LEGO 機器人更能對周遭環境與狀況作出應變。

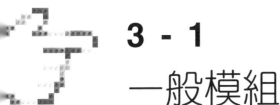

3 - 1
一般模組

在 NXT 進階應用上，我們通常會切換模組欄位至完整模組選單（圖 3.1），這裡包含了幾乎所有能夠使用的模組，大致可分成 6 種類型，而一般模組是完整模組欄的第一類，也就是第一項（圖 3.2）。點開後可以看到所有第二章教過的模組方塊，可從此處直接拉取使用。接下來介紹模組的「資料中心」（圖 3.3），因為「資料中心」與基本操作會互相影響與作用，若有不理解的地方，請對照前面章節翻閱複習。

選取模組類型

圖 3.1 模組選擇

由淺入深
樂高 NXT 機器人與生醫應用實作

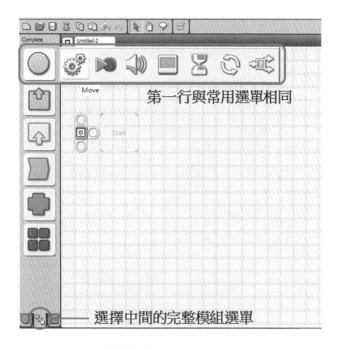

圖 3.2 完整模組選單

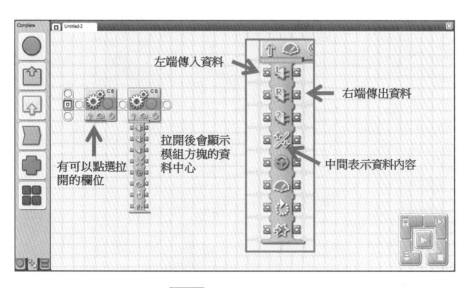

圖 3.3 模組的資料中心

模組資料中心是一個調整數值來對模組作出精密動作控制的地方，也使得一個模組方塊的使用變化更加廣闊。將模組方塊下方點開之後，可以看到一整列的接頭與圖示（圖 3.3），每個接頭都代表該模組方塊的一項參數，而這些參數大多數可以直接從模組方塊上進行調整，資料中心的使用時機主要是一些參數數值。在寫程式時，拉取線條連接模組的資料中心，彼此相連就代表著資料、訊息的傳遞（圖 3.4），向左的接口代表的是接收的資料、向右的接口代表的是傳出的資料。

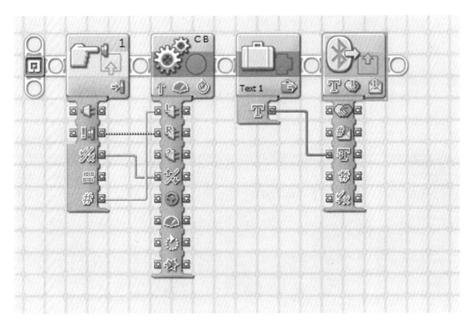

圖3.4 模組資料中心的相連訊息

由淺入深
樂高 NXT 機器人與生醫應用實作

仔細觀察圖 3.4 會發現，部分資料中心的參數只有一邊有接口，那就代表著那個參數只能做到接收或是傳遞資料其中一個功能。而資料在傳送的時候有一個很重要的注意事項，也就是「資料型態」，在 NXT 的程式中有 3 種不同型態的資料：

1. 數位（數值、數字）型態：也就是「數字」。連接此型態時，連接線會是黃色的。

2. 布林值（邏輯值／真假值）型態：這種資料只有兩種可能，非真即假，連接時連接線會是綠色的。

3. 文字（字元）型態：對 NXT 來說是以英文來做為一般使用上的文字，雖然並非完全無法接受中文，但很容易產生錯誤與亂碼，建議使用者還是以輸入英文為主。連接此型態時，連接線為橘紅色。

　　而這 3 種型態的資料彼此沒辦法直接做連接傳遞，如果相連的兩個接口所要接收／傳遞的資料型態不同，將會產生錯誤，此時連接線會變成灰色的虛線。而 NXT 也有轉換資料型態的模組方塊可以使用，在後面的章節內再做說明。以下先介紹常用的 4 個模組資料中心。

一、運動模組資料中心（圖 3.5）

　　將第二章熟悉的模組方塊下方拉開就會看到完整的模組資料中心，不使用時可以點其下方將其收起。

1. 左馬達（Left Motor）：設定左輪要使用哪一個馬達，輸入／輸出 1、2、3 分別對應馬達 A、B、C。

2. 右馬達（Right Motor）：設定右輪要使用哪一個馬達，一樣輸入／輸出 1、2、3 分別對應馬達 A、B、C。

3. 其他馬達（Other Motor）：設定其餘使用到的馬達，NXT 主機支援最多一次 3 台馬達輸出，若有用到則使用此欄位，用法同上。

4. 方向（Direction）：使用「真」（True）（✓）與「假」（False）（✗）來對應向前與向後。

5. 轉向（Steering）：使用數值 ±100 來調整前進時的轉向，右轉為正左轉為負，零則直走不轉向。

6. 力道（Power）：使用數值 0 到 100 來調整馬達的力道。

7. 為期（Duration）：根據參數設定的選取單位，使用數值來調整運行時間，若為「無限制」（Unlimited）時則忽略。

8. 下一步（Next Action）：使用「真」（True）（✓）與「假」（False）（✗）來對應煞車與滑行。

我們可以發現上述說明與第二章學習的參數設定很像，但因為我們無法隨時幫助機器人重調參數，而這個功能可以從其他感應器接收情報，給予機器人當下情境最適合的參數。

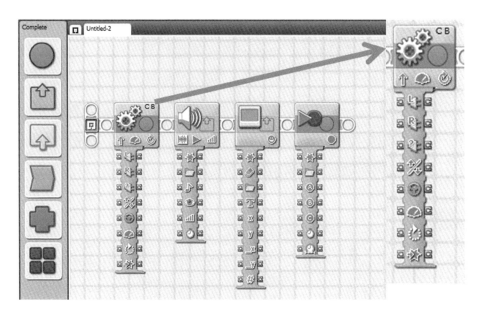

圖 3.5 運動模組資料中心

二、聲音模組資料中心（圖 3.6）

1. 動作（Action）：用數值來選擇要做的動作，輸入 0 代表要播放音效檔，1 則代表播放單個指定音節。

2. 檔案名稱（Filename）：輸入要使用的音效檔名稱，資料型態為文字。當第一項的「動作」（Action）輸入數值為 1 的時候，此欄位則會被忽略。

3. 音頻（Tone Frequency）：輸入數值為希望播出的單音頻率，NXT 主機約能播出介於 300 至 4000HZ 的聲音。當第一項的動作（Action）輸入數值為 0 的時候，此欄位會被忽略。

4. 控制（Control）：輸入數值 0 代表撥放，1 代表停止。

5. 音量（Volume）：輸入數值 0 到 100 控制音量的大小，但注意 NXT 主機播出時的區別僅有 5 種音量級別 0、25、50、75、100。

6. 為期（Duration）：當第一項的動作（Action）輸入數值為 1 的時候此欄位則會被忽略，此欄位只用來設定單一音節的播放長度，輸入數值，使用單位為秒。

請注意，正如參數設定時，前面的選擇可能會使後面的選項變更，在資料中心輸入的內容，也可能使其他欄位的資料因為衝突或是無意義而被忽略。

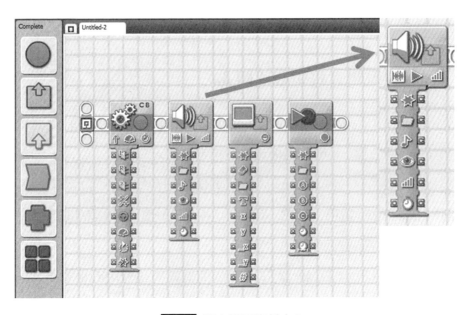

圖 3.6 聲音模組資料中心

三、顯示模組資料中心（圖 3.7）

1. 動作（Action）：指示顯示模組的動作內容，輸入數字 0 至 5，
   0 代表顯示系統內建圖示、1 顯示文字、2 畫點、3 畫線、4 畫圓、
   5 則是清除畫面。

2. 清除（Clear）：使用布林值「真」（True）（✓）與「假」（False）
   （×）來設定是否清除畫面資料。

3. 檔案名稱（Filename）：畫面顯示圖像時使用，輸入要使用的
   圖像檔名，資料型態為文字。

4. 文字（Text）：畫面顯示文字時使用，輸入要顯示的文字。

5. X 點（X）：畫圖時使用，輸入數值 0 到 99，為畫圖時點的 X
   座標。

6. Y 點（Y）：畫圖時使用，輸入數值 0 到 99，為畫圖時點的 Y
   座標。

7. 尾端 X 點（End point X）：只有選擇動作為畫線時使用，輸
   入數值 0 到 99，為畫線結尾點的 X 座標。

8. 尾端 Y 點（End point Y）：只有選擇動作為畫線時使用，輸
   入數值 0 到 99，為畫線結尾點的 Y 座標。

9. 半徑（Radius）：只有選擇動作為畫圓時使用，輸入數值 0 到
   120 作為圓的半徑。

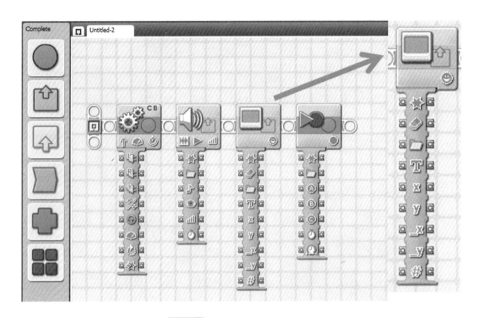

圖 3.7 顯示模組資料中心

四、紀錄／播放模組資料中心（圖3.8）

1. 動作（Action）：模組動作，輸入0代表紀錄，輸入1代表播放。

2. 檔案名稱（Filename）：輸入最多15個字元作為紀錄／播放的檔案名稱。

3. 紀錄A（Record A）：是否紀錄A馬達，輸入布林值。

4. 紀錄B（Record B）：是否紀錄B馬達，輸入布林值。

5. 紀錄C（Record C）：是否紀錄C馬達，輸入布林值。

6. 時間（Time）：輸入紀錄的時間。

7. 抽樣頻率（Samples Per Second）：輸入以幾秒為單位記錄一次馬達的動作，介於0到255秒之間，間隔越短則動作紀錄越準確。

由淺入深
樂高 NXT 機器人與生醫應用實作

到此為止所介紹的都還是第二章學習過的模組方塊，也順便複習也更熟悉資料中心的概念。接下來將介紹全新的模組方塊，藉由對照參數設定與資料中心，可以能夠更快地掌握模組方塊的詳細參數設定狀況。

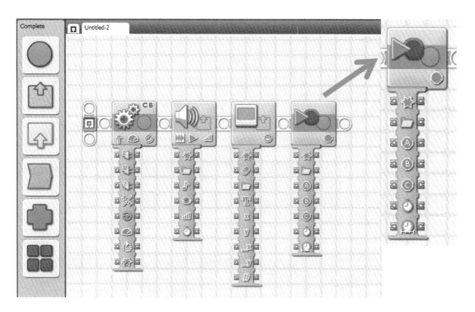

圖3.8 紀錄／播放模組資料中心

3 - 2
動作模組

　　動作模組有馬達、聲音、顯示、發送訊息、有色燈泡等 5 個基礎
選項（圖 3.9），基本上包含 NXT 能夠使用的所有輸出方式，而其
中聲音以及顯示的兩個模組使用已經在先前完整介紹過，單純使用
NXT 主機上內建的喇叭與畫面來做出動作。而大家相對不熟悉的，
就是本章要介紹的最後 3 個模組：馬達、發送訊息以及有色燈泡。

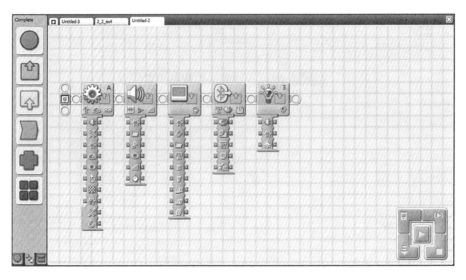

圖 3.9 由左至右為馬達、聲音、顯示、發送訊息、有色燈泡

一、馬達模組（Motor）

🕐 馬達模組參數設定（圖 3.10）：

1. 連接埠（Port）：選擇馬達 A、B、C，此與運動模組不同的是 為單選。

2. 方向（Direction）：有前、後與停止等 3 種選項。

3. 動作（Action）：此處用數值代表速度的性質，只有在轉動以 角度或圈數為單位時才能調整，設定轉動的加速度力道。

4. 力道（Power）：使用數值 0 到 100 來調整馬達的力道。

5. 控制馬達力道（Control Motor Power）：若開啟會增加功率來 補償電阻與摩擦力等對馬達造成的消耗，使馬達力道較強。

6. 為期（Duration）：根據參數設定的選取單位，可以填入數值 來決定運行時間、角度、圈數。

7. 等待結束（Wait for Completion）：決定是否等到此模組方塊 結束或是要一邊執行後續動作。

8. 下一步（Next Action）：有煞車與滑行兩種選項。

圖 3.10 馬達模組參數設定

馬達模組資料中心（圖 3.11）：

1. 連接埠（Port）：輸入 1、2、3 分別對應馬達 A、B、C。

2. 方向（Direction）：輸入布林值「真」（True）（×）與「假」（False）（✓）來對應馬達運轉向前與向後。

3. 動作（Action）：用數值代表速度的性質，輸入 0 代表要穩定的數值，1 代表馬達會逐漸加速直到目標，2 則會從目標逐漸減速。

4. 力道（Power）：使用數值 0 到 100 來調整馬達的力道。

5. 控制馬達力道（Control Motor Power）：以布林值決定是否開啟控制馬達力道，開啟會使馬達力道較強。

6. 為期（Duration）：根據參數設定的選取單位，使用數值來調整運行時間，若為無限制（Unlimited）時則忽略。

7. 等待結束（Wait for Completion）：如先前所使用，以布林值決定是否等到結束或是要一邊執行。

8. 下一步（Next Action）：使用「真」（True）（✓）與「假」（False）（×）來對應煞車與滑行。

9. 方向－輸出（Direction out）：輸出布林值表示馬達運動的方向，「真」（True）（✓）為向前、「假」（False）（×）為向後。

10. 角度－輸出（Degrees out）：輸出馬達在該方塊執行時所轉動的角度。

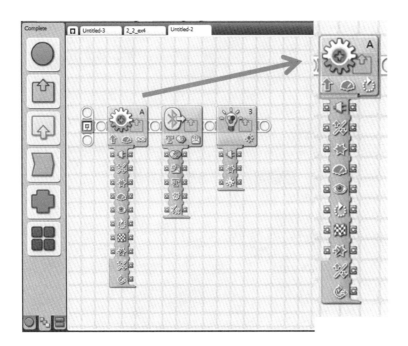

圖 3.11 馬達模組資料中心

二、發送訊息模組（Send Message）

🕐 發送訊息模組參數設定（圖 3.12）：

1. 連接（Connection）：這裡有 0 到 34 種不同的連接對象，選 0 時會傳訊息給主 NXT。

2. 訊息（Message）：選擇希望傳出訊息的資料型態，有文字、數字、布林值等 3 種選擇，並可以輸入希望傳出的訊息內文。

3. 信箱（Mailbox）：選擇收取信件所使用的信箱編號。

圖 3.12 發送訊息模組參數設定

 發送訊息模組資料中心（圖 3.13）：

1. 連接（Connection）：以數值來選擇要傳訊息的對象，輸入 0
   至 3 指定，輸入 0 時會傳訊息給主 NXT。

2. 信箱（Mailbox）：輸入收取信件所使用的信箱編號，資料型
   態為數字，範圍為 1 號到 10 號信箱。

3. 文字（Text）：輸入希望傳出的訊息內文，最多可以輸入 58
   個字元。

4. 數字（Number）：輸入希望傳出的數字。

5. 邏輯（Logic）：輸入希望傳出的邏輯真／假。

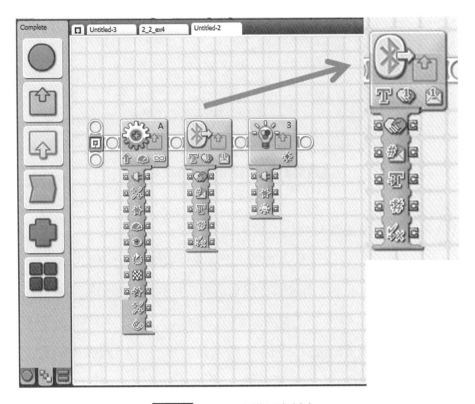

圖3.13 發送訊息模組資料中心

三、有色燈泡模組（Color Lamp）

有色燈泡模組參數設定（圖3.14）：

1. 連接埠（Port）：選擇 1 至 4 來代表燈泡所使用的連接埠。

2. 動作（Action）：選擇要打開燈光還是關閉燈光。

3. 燈泡顏色（Lamp Color）：選擇希望燈泡亮紅、綠、藍哪種顏色。

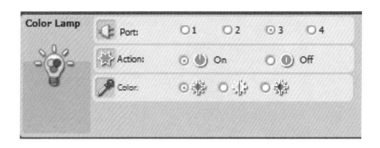

圖 3.14 有色燈泡模組參數設定

有色燈泡模組資料中心（圖 3.15）：

1. 連接埠（Port）：輸入數值 1 至 4 來代表燈泡所使用的連接埠。

2. 動作（Action）：用邏輯真假來選擇要打開燈光還是關閉，「真」
   （True）（✓）則打開、「假」（False）（✕）則關閉。

3. 燈泡顏色（Lamp Color）：輸入數值 0、1、2 分別對應希望燈
   泡亮的顏色紅、綠、藍。

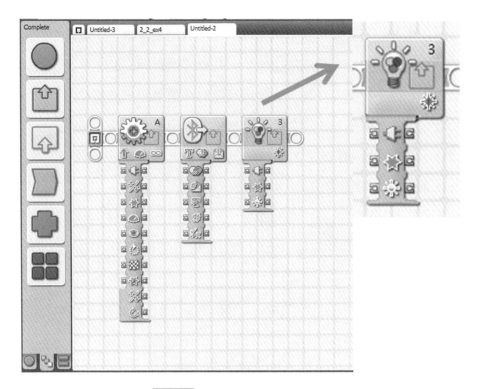

圖 3.15 有色燈泡模組資料中心

　　模組資料中心是程式由簡單進入複雜的不可或缺要素，想要使 LEGO 機器人的動作更靈活、更能夠隨著遭遇的狀況做出應對、反應更準確的話，就需要使用各種參數傳入來使動作模組隨著情況不同而做出不同反應。

　　舉例來說，若是我們在設計一台跑速會隨著情況變化的車子，就可以藉由外部傳入參數給動作（Action）、力道（Power）、控制馬達力道（Control Motor Power）與持續時間（Duration），如此一來可以在運行的時候，同時改變馬達的力道、加速的多寡等等。

而主要能產生及提供參數的模組方塊有兩種性質，一個是來自感應器；一個是來自數值的隨機產生、計算、儲存與傳輸。感應器模組資料中心就是屬於第一種，也是最重要的參數來源，依靠從周遭環境接收訊息並轉成數據來提供給別的模組方塊使用，就像人類藉由五官接收訊息之後能夠做出反應，感應器就像五官、NXT 主機就像大腦、程式就像我們的思考方式、而馬達、喇叭和螢幕則像人的手、口和臉，愈能掌握模組資料中心的運用，就能製造出越靈活、越像生命的機器人。就讓我們一塊往下一節學習並精通如何控制這個機器人的「五官」吧！

由淺入深
樂高 NXT 機器人🅰與生醫應用實作

3 - 3
感應器模組

　　感應器模組有些類似之前學過的等待模組，目的是將感應器接收到的訊息數值化，所以程式跑過這個模組方塊時，在外觀上是看不出來的，但利用模組資料中心所牽的線連接上負責輸出的模組方塊的話，就能做出對應到外界訊息的反應（圖3.16）。

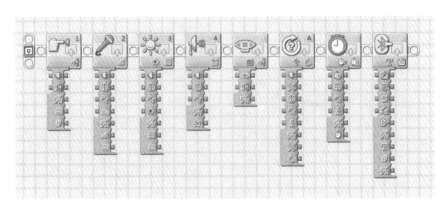

圖 3.16 感應器模組

一、觸碰感應模組（Touch Sensor）

🕐 觸碰感應模組參數設定（圖3.17）：

　　1. 連接埠（Port）：觸碰感應器的連接埠預設皆為 1。

2. 動作（Action）：與等待模組觸碰感應方塊相同的內容，分別
   為按壓、放開、碰撞。

圖 3.17 觸碰感應模組參數設定

您有沒有發現這個模組能夠更改的參數很少？因為本節所介紹的
模組都是為了接收外界訊號轉換成資料用的模組，主要功能在於模組
資料中心的輸出，因此只有接受訊號的方式可選擇。

📝 **觸碰感應模組資料中心（圖 3.18）：**

1. 連接埠（Port）：連接埠的左右各一個接口，左端輸入可決定
   使用 1 至 4 連接埠的感應器，輸出則可用於確認使用哪個連接
   埠的感應器。

2. 動作（Action）：也有左右接口作為輸入端及輸出端調整控制，
   這裡用數值代表不同動作，0 為按壓、1 為放開、2 則為碰撞。

3. 是／否（Yes／No）：以布林值輸出是否感測到動作。

4. 原始數值（Raw Value）：輸出感應器收到的原始數值，以介
   於 0 到 1024 的數值表達接收到的按壓程度。（進階）

5. 邏輯數值（Logical Number）：以數值表示當前的狀況，1 為按壓狀態，而 0 為放開狀態。（進階）

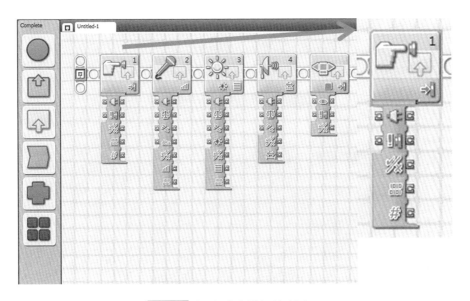

圖 3.18 觸碰感應模組資料中心

二、音源感應模組（Sound Seneor）

🕐 音源感應模組參數設定（圖 3.19）：

1. 連接埠（Port）：音源感應器的連接埠預設皆為 2。

2. 比較（Compare）：與等待模組音源感應方塊相同的內容，設定接收聲響的比較值、大於還是小於。

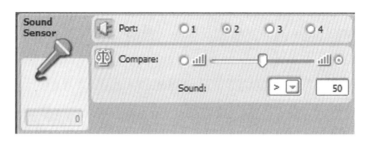

圖 3.19 音源感應模組參數設定

📝 音源感應模組資料中心（圖 3.20）：

1. 連接埠（Port）：接下來的感應器都會在此輸入／輸出使用的連接埠。

2. 觸發點（Trigger Point）：有左右接口作為輸入端及輸出端控制觸發點，此為一個介於 0 至 100 的數值，用於對接收到的音量大小做比較。

3. 大／小（Greater ／ Less）：在比較時會使用到的參數，以布林值決定大於還是小於。「真」（True）（✓）代表大於、「假」（False）（×）代表小於。

4. 分貝（dBA）：以布林值決定使用感應器的哪種型態，「真」（True）（✓）代表使用 dBA、「假」（False）（×）代表使用 dB 來偵測音量。

5. 是／否（Yes ／ No）：以布林值輸出結果。這個結果由「6. 音量」、「2. 觸發點」、「3. 大／小」3 個變數所得出。

6. 音量（Sound Level）：可以從此輸出感應器所接收到的音量數值。（詳細介紹請參閱 1-4 音源感應器）

7. 原始數值（Raw Value）：此處顯示輸出感應器收到的原始數值，原始數值是感應器將接收到的資訊數值化的結果，會由NXT 根據不同的感應器解讀出不同的資料，基本上只有非常深入專業的情況才會從此接收調整數值。（進階）

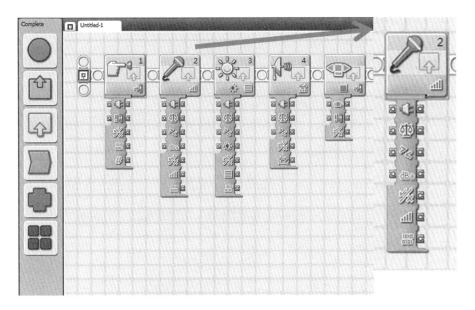

圖 3.20 音源感應模組資料中心

　　當我們使用音源感應模組時，最主要想要獲得的資料有兩個，分別是第 5、6 個參數，作為數值的「音量」以及做為布林值的「是／否」。而音量這個參數，就如字面上一樣淺顯易懂，輸出接收到的音量大小，但「是／否」就不怎麼直觀了。其實回頭看一下等待模組的音源感應方塊，是用來當作一個類似開關的觸發，而這個觸發就與這裡的「是／否」是一樣的概念。舉例來說，若希望作為開關感應大於30 的音量，就必須輸入數值 30 至「2.觸發點」，並輸入布林值真

（True）（✓）至「3. 大／小」，此時當接收到希望作為開關的「大
於 30 的聲響」的話，「是／否」這個參數就會回傳真（True）（✓）
的布林值。

三、光源感應模組（Light Sensor）

🕐 光源感應模組參數設定（圖 3.21）：

1. 連接埠（Port）：光源感應器的連接埠預設皆為 3。

2. 比較（Compare）：與音源感應模組方塊內容相似，設定接收
   聲響的比較值。

3. 功能（Function）：決定是否勾選產生光線，換句話說就是決
   定使用自然光或是反射光來偵測（詳細概念介紹請參閱 1-5 光
   源感應器）

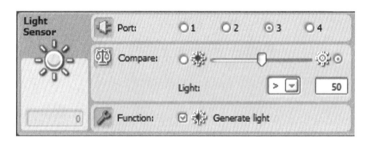

圖 3.21 光源感應模組參數設定

📑 光源感應模組資料中心（圖 3.22）：

1. 連接埠（Port）：同音源感應模組，預設為 3。

2. 觸發點（Trigger Point）：與音源感應模組相同，輸入／輸出介於 0 至 100 的數值用於比較亮度差異。

3. 大／小（Greater ／ Less）：同音源感應模組。

4. 發光（Generate Light）：以布林值決定是否開啟感應器本身的燈泡來產生光線以偵測反射光，「真」（True）（✓）則開啟、「假」（False）（×）則否。

5. 是／否（Yes ／ No）：以布林值輸出結果。這個結果由「6.亮度」、「2.觸發點」、「3.大／小」等 3 個變數所得出，與上方音源感應模組相似。

6. 亮度（Intensity）：可以從此輸出感應器所接收到的音量數值。

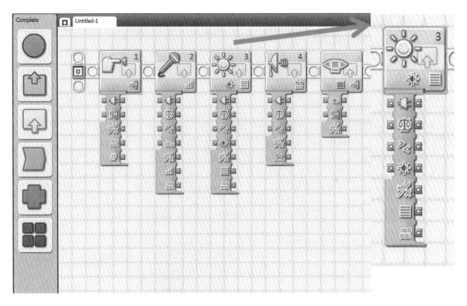

圖 3.22 光源感應模組資料中心

四、超音波感應模組（Ultrasonic Sensor）

🕐 **超音波感應模組參數設定（圖3.23）：**

1. 連接埠（Port）：同音源感應模組，預設為4。

2. 比較（Compare）：同音源感應模組。

3. 顯示（Show）：下拉選單決定使用的單位為公分（Centimeters）
   還是英吋（Inches）。

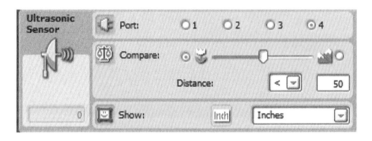

圖 3.23 超音波感應模組參數設定

📝 **超音波感應模組資料中心（圖3.24）：**

1. 連接埠（Port）：同音源感應模組，預設為4。

2. 觸發點（Trigger Point）：同音源感應模組，若是使用公分為
   單位時，數值介於0至255，使用英吋時數值則介於0至
   100。

3. 大／小（Greater／Less）：同音源感應模組。

4. 是／否（Yes／No）：以布林值輸出結果。這個結果由「5.距
   離」、「2.觸發點」、「3.大／小」等3個變數所得出。

5. 距離（Distance）：可以從此輸出感應器所接收到的距離數值，
一樣若是使用公分為單位時數值介於 0 至 255，使用英吋時數
值則介於 0 至 100。

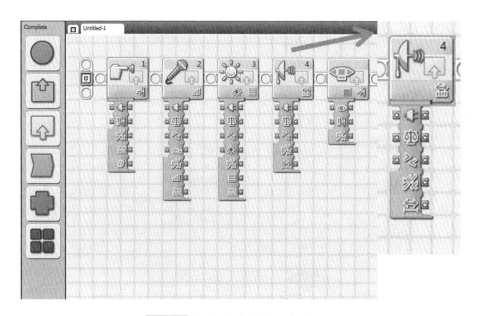

圖 3.24 超音波感應模組資料中心

　　音源、光源與超音波這 3 個感應模組的相似度很高，使用性質也
很相似，作為開關觸發功能時，其實有半數以上可以直接利用等待模
組來代替，想法也比較直觀。所以這 3 個感應模組最重要的地方在於
3 個數值亮度、音量以及距離的輸出，在應用方面都有很大的空間。

五、NXT 按鈕模組（NXT Buttons）

⏱ NXT 按鈕模組參數設定（圖 3.25）：

1. 按鈕（Button）：下拉選單決定控制的按鈕為何者，有左鍵（Left Button）、右鍵（Right Button）、確定鍵（Enter Button）等 3 種。

2. 動作（Action）：與觸碰感應模組相同，決定觸發的方式。

圖 3.25 NXT 按鈕模組參數設定

📝 NXT 按鈕模組資料中心（圖 3.26）：

1. 按鈕（Button）：左右兩個接口輸入／輸出數值來決定控制的按鈕。1 為右鍵、2 為左鍵、3 為確定鍵。

2. 動作（Action）：以數值決定觸發的方式，和觸碰感應模組相同，0 為按壓、1 為放開、2 則為碰撞。

3. 是／否（Yes／No）：以布林值輸出結果。

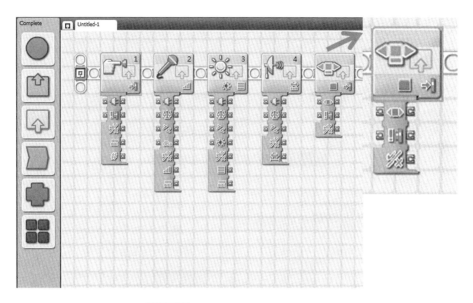

圖 3.26 NXT 按鈕模組資料中心

六、轉動（角度）（Rotation Sensor）感應模組

🕐 **轉動感應模組參數設定（圖 3.27）：**

1. 連接埠（Port）：轉動（角度）感應器其實就是馬達，連接埠使用的是 A、B、C 其中一個，預設為 A。

2. 動作（Action）：決定要直接讀取（Read）現在馬達的值，或是將其歸零（Reste）。

3. 比較（Compare）：馬達有前後之分（也就是有正轉與反轉的差別，反轉數值為負），此處可設定方向（正負號之差）、比較的大於或小於、比較的值，以及使用的單位圈數或度。

圖 3.27 轉動感應模組參數設定

📝 **轉動感應模組資料中心（圖 3.28）：**

1. 連接埠（Port）：用數值 1、2、3 對應連接埠 A、B、C。

2. 觸發方向（Trigger Direction）：以布林值設定比較時的方向，「真」（True）（✓）為向前、「假」（False）（×）為向後。

3. 觸發點（Trigger Point）：以數值設定比較的對象，用於對偵測到的轉動大小做比較。

4. 大／小（Greater ／ Less）：在比較時會使用到的參數，以布林值決定大於還是小於。「真」（True）（✓）代表大於、「假」（False）（×）代表小於。

5. 歸零（Reset）：以布林值決定「真」（True）（✓）則將目前數值歸零、「假」（False）（×）讀取目前數值。

6. 是／否（Yes ／ No）：以布林值輸出結果。這個結果由「8. 角度」、「3. 觸發點」、「4. 大／小」等 3 個變數所得出。

7. 方向（Direction）：以布林值設定方向，「真」（True）（✓）為向前、「假」（False）（×）為向後。

8. 角度（Degree）：輸出轉動（角度）感應器偵測的數值。

由淺入深
樂高 NXT 機器人 與 生醫應用實作

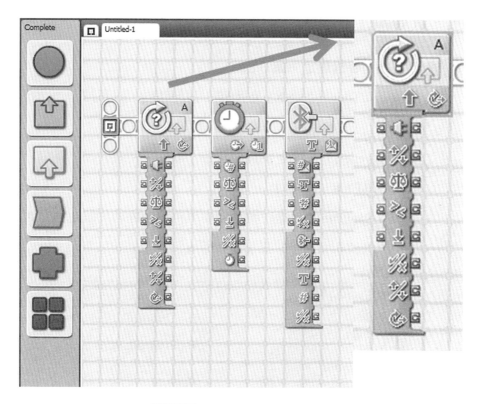

圖 3.28 轉動感應模組資料中心

　　因為馬達（轉動／角度感應器）有方向性，所以如果先向前、再向後的話，數值會被抵銷，另外也因為有方向性，使得多了兩個參數值「觸發方向」與「方向」。這兩個數值可以看做「觸發點」和「角度」的正負號，要是馬達轉向是向後，而方向也是向後的話，輸出的角度數值就會是正的。而要是觸發點是向前三圈，但觸發方向為向後的話，觸發點比較時的值就是負的。（換句話說就是角度有正負，方向有正負，兩兩可能負負得正）

七、計時器（Timer）模組

計時器模組參數設定（圖 3.29）：

1. 計時器（Timer）：NXT 有內建 3 個計時器，以下拉選單選擇設定。

2. 動作（Action）：決定要直接讀取（Read）現在計時器的值，或是將其歸零（Reste）。

3. 比較（Compare）：與音源感應模組相同的內容，設定與計時器的比較值和大於、小於。

圖 3.29 計時器模組參數設定

計時器模組資料中心（圖 3.30）：

1. 計時器（Timer）：以數值 1 至 3 決定使用內建的計時器編號。

2. 觸發點（Trigger Point）：有左右接口作為輸入端及輸出端控制觸發點，是一個介於 0 至 100 的數值，用於對計時器的時間做比較。

3. 大／小（Greater ／ Less）：在比較時會使用到的參數，以布林值決定大於還是小於。「真」（True）（✓）代表大於、「假」（False）（×）代表小於。

4. 歸零（Reset）：以布林值決定「真」（True）（✓）則將目前數值歸零、「假」（False）（×）讀取目前數值。

5. 是／否（Yes ／ No）：以布林值輸出結果。這個結果由「6.時間」、「2.觸發點」、「3.大／小」等 3 個變數所得出。

6. 時間（Time Value）：輸出計時器的數值。

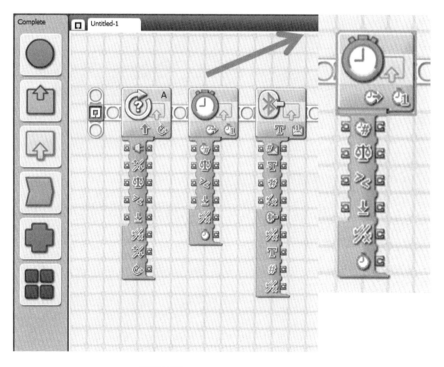

圖 3.30 計時器模組資料中心

八、訊息接收（Receive Message）模組

🕐 訊息接收模組參數設定（圖 3.31）：

1. 訊息（Message）：下拉選單決定訊息的資料型態，有文字、數值、布林值等 3 種型態，欄位可輸入欲比較之訊息。

2. 信箱（MailBox）：選擇信箱編號，NXT 主機中一共內建有 10 個信箱可供使用。

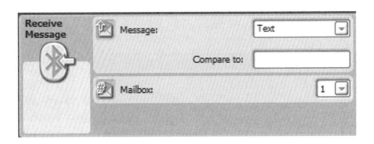

圖 3.31 訊息接收模組參數設定

📝 訊息接收模組資料中心（圖 3.32）：

1. 信箱（MailBox）：利用數值設定使用的 NXT 內建信箱，有編號 1 至 10 可供使用。

2. 內部文字訊息（Text in）：有左右兩個接口，可輸入／輸出用於比較的文字型態訊息，與內部數值訊息、內部布林訊息等三者不同時啟用。

3. 內部數值訊息（Number in）：有左右兩個接口，可輸入／輸出用於比較的數值型態訊息。

4. 內部布林訊息（Logic in）：有左右兩個接口，可輸入／輸出

用於比較的布林型態訊息。

5. 訊息接收（Message Received）：以布林值輸出結果，若有接收到訊息則輸出「真」（True）（✓），未收到訊息則輸出「假」（False）（×）。

6. 是／否（Yes／No）：以布林值輸出結果，比較接收到的訊息與內部訊息是否相同，相同則輸出「真」（True）（✓），不同則輸出「假」（False）（×）。

7. 外部文字訊息（Text out）：可輸出接收到的文字形態訊息。

8. 外部數值訊息（Number out）：可輸出接收到的數值形態訊息。

9. 外部布林訊息（Logic out）：可輸出接收到的布林形態訊息。

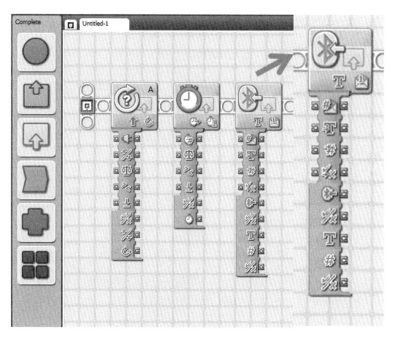

圖 3.32 訊息接收模組資料中心

以上已約略介紹機器人所擁有的各種感官能力，但除此之外，還有一項色彩感應模組，不過因為 NXT 基本組合內並不包含色彩感應器，在此就略過不加贅述，實際上色彩感應模組概念與光源感應模組極為相似，未來若有需要學習使用時，不妨同時參考 LEGO 公司官網與光源感應模組的介紹，相信能很快掌握。

3 - 4
流程模組

　　流程模組有等待、迴圈、判斷、停止等 4 種模組方塊，是在寫程式時掌控流程的模組，就如同路標一樣是提示程式進行的方向，這些模組通常不介入程式的參數變化，也就自然而然地沒有模組資料中心以供調整。而由於前 3 項都已經於前面章節提及過，所以此小節針對沒有講解到的停止模組做說明（圖 3.33）。

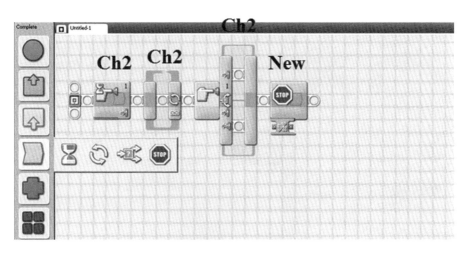

圖 3.33 Flow 模組

一、停止（Stop）模組

這個模組用來停止正在執行的程式、馬達、燈或是發出的聲音。

📄 **停止模組資料中心（圖 3.34）：**

停止模組的用法比較特別，其用意是考慮到機器人可能需要在遇到現場狀況之後才做出停止的指令，所以沒有預先填入的參數設定，控制停止與否，皆取決於從別的地方獲取傳過來的布林值。若是「真」（True）（✓）則停止程式、馬達等等，若為「假」（False）（✗），則不停止。

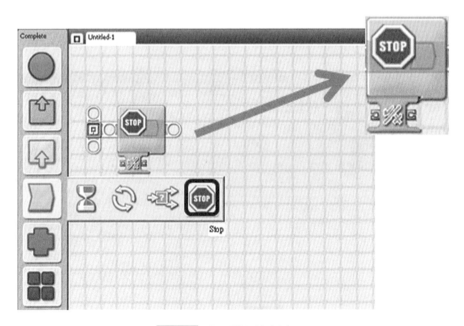

圖 3.34 停止模組資料中心

3-5
資料模組

在程式裡面，資料分成很多型態，像是數字、單字、布林值等等，為了處理運算、轉換、分析等資料，因此 NXT 提供了許多子模組，可以利用這些模組對接收到的資訊做計算、比較、儲存等等不同的處理，以下一一介紹（圖 3.35）。

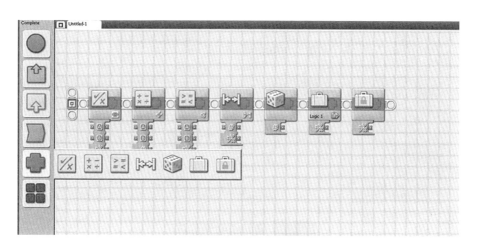

圖 3.35 資料模組

一、邏輯（Logic）模組

當資料型態為「真」（True）（✓）或「假」（False）（✗）此類邏輯元時，可以用此模組做邏輯上的運算。

◔ 邏輯模組參數設定（圖3.36）：

操作（Operation）：此模組只有一個設定欄位，而邏輯值部分，除了從外輸入，亦可從設定欄位中去選擇A、B的邏輯值。邏輯運算部分，在右上角的下拉選單中，有4個邏輯運算可以使用，分別是Or、And、Xor以及Not，其中Or運算代表輸入端A或輸入端B中有任一方為✓時，輸出端的結果即為✓，And運算則必須輸入端兩者都為✓時，結果為✓，Xor運算相似於Or運算，較不同地方是當輸入端皆為✓時，輸出為✗，最後一個Not運算，只看A一個輸入端資料，當輸入為任意邏輯值時，都取相反邏輯值做為輸出，以下表格（圖3.37）整理了4種指令所有可能的輸出結果。（另外補充一點，在此邏輯模組所使用的詞語「邏輯值」，是一種資料的型態，亦稱為「布林值」，而在本書中其餘處皆以布林值稱呼。）

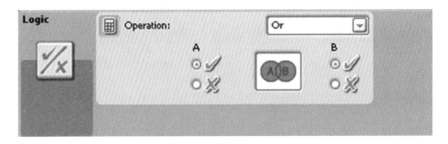

圖3.36 邏輯模組參數設定

	A	**B**	輸出結果
	✓	✓	✓
Or	✓	✗	✓
	✗	✓	✓
	✗	✗	✗

	A	**B**	輸出結果
	✓	✓	✓
And	✓	✗	✗
	✗	✓	✗
	✗	✗	✗

	A	**B**	輸出結果
	✓	✓	✗
Xor	✓	✗	✓
	✗	✓	✓
	✗	✗	✗

	A	輸出結果
	✓	✗
Not		
	✗	✓

圖 3.37 4 種指令所有可能的輸出結果

邏輯模組資料中心（圖 3.38）：

1. A：輸入布林值真（True）（✓）與假（False）（✗）。

2. B：輸入布林值真（True）（✓）與假（False）（✗）。

3. 結果（Result）：輸出根據 A、B 所得出來的結果。

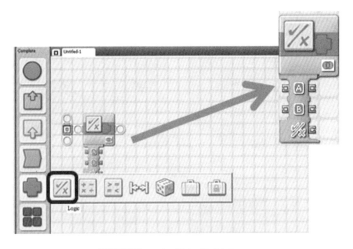

圖 3.38 邏輯模組資料中心

　　此資料模組常運用於輸出布林值至其他模組，來做出動作是否執行的判斷，若能理解 4 種邏輯運算的概念將可有效運用這個模組。

二、數學（Math）模組

　　當資料型態為數字的時候，可以用此模組做四則運算，像是使用計算機一樣。

🕐 **數學模組參數設定（圖 3.39）：**

　　操作（Operation）：此模組只有一個設定欄位，數值可以從外輸入，或是由欄位中去手動輸入，而右上角的下拉選單中有 6 個功能，分別是加（Addition）、減（Subtraction）、乘（Multiplication）、除（Division）、絕對值（Absolute Value）以及開根號（Squre Root）。

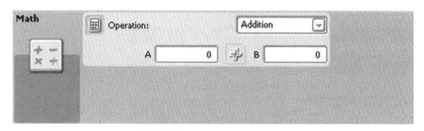

圖 3.39　數學模組參數設定

數學模組資料中心（圖 3.40）：

1. A：輸入數值。

2. B：輸入數值。

3. 結果（Result）：輸出根據 A、B 所得出來的結果。

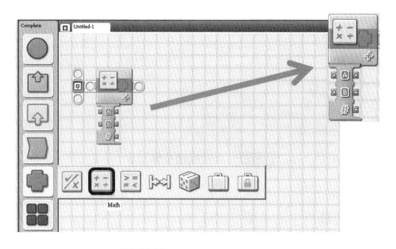

圖 3.40　數學模組資料中心

　　若希望在 NXT 程式中做出運算的動作，就必須透過數學模組，操作儘管簡單，但在撰寫較大的程式時使用頻率非常高，還請務必熟悉。

三、比較（Compare）模組

　　當資料型態為數字時，可以用此模組比大小或判斷是否相等，而輸出結果為邏輯型態。

⏱ 比較模組參數設定（圖 3.41）：

　　操作（Operation）：只有一個設定欄位，數值可以從外輸入，或是欄位中輸入，下拉選單裡有 3 個功能，小於（Less than）、大於（Great than）及等於（Equals），可以透過這 3 個功能去比輸入端 A 和輸入端 B 的大小，而輸出為布林值。

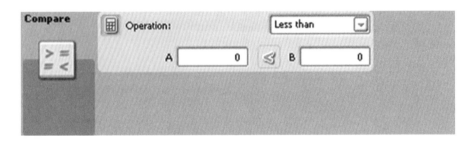

圖 3.41 比較模組參數設定

📝 比較模組資料中心（圖 3.42）：

1. A：輸入數值。
2. B：輸入數值。
3. 結果（Result）：輸出布林值，根據 A、B 所建構之算式，若是成立則輸出真（True）（✓），不成立則輸出假（False）（✗）。

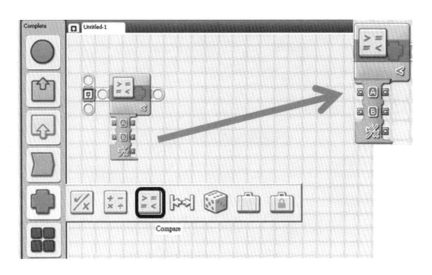

圖 3.42 比較模組資料中心

四、範圍（Range）模組

與比較模組相似，此模組可以判斷輸入的數字是否在設定好的範圍內或範圍外。

🕐 範圍模組參數設定（圖 3.43）：

1. 操作（Operation）：右上角的下拉選單有兩個功能，分別是範圍內（Inside Range）和範圍外（Outside Range），門檻值可以在欄位中去設定下界 A 與上界 B，或是由外接方式輸入 A 與 B 的值，功能部分若選用範圍內，且輸入的值位於 A 和 B 之中，則輸出為 ✓，若選用功能為範圍外，輸入值小於 A 或大於 B 則輸出為 ✓。

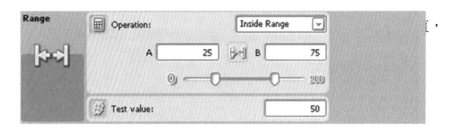

圖 3.43 範圍模組參數設定

範圍模組資料中心（圖 3.44）：

1. 下界（Lower Limit）：輸入數值作為下界。

2. 上界（Upper Limit）：輸入數值作為上界。

3. 測試值（Test Value）：輸入測試值，測試此數值是否介於上下界之間。

4. 結果（Result）：輸出根據上、下界與測試值所得出來的結果，若測試值介於上、下界之間則輸出「真」（True）（✓），反之則輸出「假」（False）（×）。

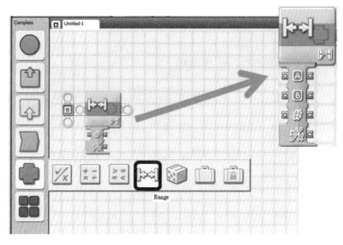

圖 3.44 範圍模組資料中心

五、隨機（Radom）模組

可透過自行設定的上、下界範圍，從中隨機產生一個數字。

⏱ 隨機模組參數設定（圖 3.45）：

1. 範圍（Range）：此模組只有一個欄位，可以透過欄位內或是外接輸入設定下界 A 和上界 B，藉此從上、下界範圍內產生一個隨機數，而藉由拉取調整條所設定的最大範圍是 0 至 100，若自行輸入數值則最大可以到 32767，藉由產生隨機數，可以使機器人產生隨機的行為模式。

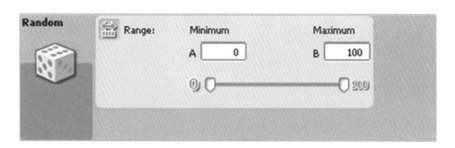

圖 3.45 隨機模組參數設定

📑 隨機模組資料中心（圖 3.46）：

1. 下界（Lower Limit）：輸入數值作為下界。
2. 上界（Upper Limit）：輸入數值作為上界。
3. 數值（Number）：輸出根據上、下界規定的範圍內隨機產出的數值。

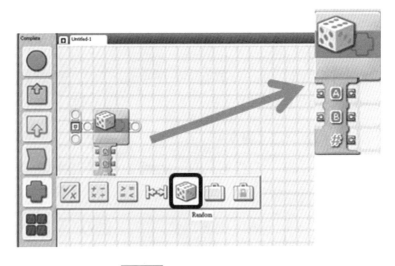

圖 3.46 隨機模組資料中心

　　這個模組在資料模組中使用頻率很高，在需要產生數值型態的資料使機器人運作時，會使用這個方便的模組，並用上、下界來控制隨機數值在自己所需要的區間。

六、變數（Variable）模組

　　可以透過變數模組產生一種資料型態，並且將值寫入其中，以提供程式多次使用。善用變數模組可以有效縮小程式篇幅。

🕐 變數模組參數設定（圖 3.47）：

1. 清單（List）：清單中會預設 3 組變數供使用，而清單欄位左側的名稱（Name）為變數的名稱，右側的種類（Type）為資料型態，另外也可以從文字選單 Edit → Define Variable 中去定

義或刪除資料型態與名稱。

2. 動作（Action）：讀出（Read）功能可以獲得該變數裡面的值，而寫入（Write）功能則是可以更新裡面的值。

3. 值（Value）：此功能只在寫入時有用，若模組為寫入狀態則可透過此欄位輸入數值，或是外接來更新變數模組的數值。

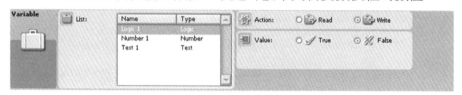

圖 3.47 變數模組參數設定

 變數模組資料中心（圖 3.48）：

1. 數值（Value）：有寫入與讀取兩種型態，讀取時只提供輸出，而寫入時則可輸入或輸出各種型態的資料。

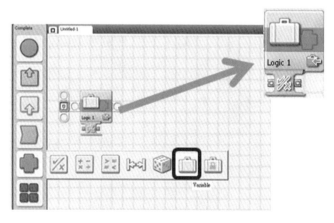

圖 3.48 變數模組資料中心

七、常數（Constant）模組

　　與變數模組相似，可以選擇資料型態，並且透過參數設定將值輸入，但常數模組只有讀出（Read）的功能，無法做動態更新。

🕐 **常數模組參數設定（圖 3.49）：**

1. 動作（Action）：可以從清單選擇「Choose from list」已建好的常數模組，或是自己製作「Custom」一個常數模組來使用，但一開始並無預設常數模組，所以這邊會無法選擇動作，可以從文字選單 Edit → Define Constant 中去定義或刪除資料型態與名稱，若撰寫程式中有固定使用的常數模組，建議可以先行定義至清單中，以便增加撰寫程式效率。

2. 清單（List）：可以選擇已定義好的常數模組。

3. 資料型態（Data Type）：若是自己製作常數模組，此部分可以選擇此模組的資料型態，下拉選單中有邏輯值（Logic，亦稱布林值）、數值（Number）以及文字（Text）可以供使用。

4. 值（Value）：輸入資料型態的值，只可從設定參數欄位輸入，無法外接。

5. 名稱（Name）：定義此常數模組的名稱。

由淺入深
樂高 NXT 機器人🍀生醫應用實作

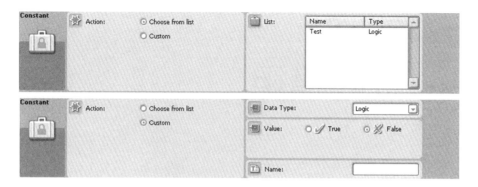

圖 3.49 常數模組參數設定面板

📝 **常數模組資料中心（圖 3.50）：**

　　1. 數值（Value）：輸出各種型態的資料，與變數模組不同之處
在於這個模組無法變更為輸入的欄位。

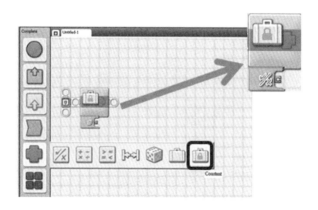

圖 3.50 常數模組

3－6
進階模組

　　接下來，我們來看進階模組。在進階模組裡有更多細部設定的子模組，包括數字轉文字模組、文字模組及休眠模組等，不論是資料處理還是控制主機，組成十分多元，若在前面模組中沒找到適用的功能，不妨到進階模組中找找。（圖 3.51）

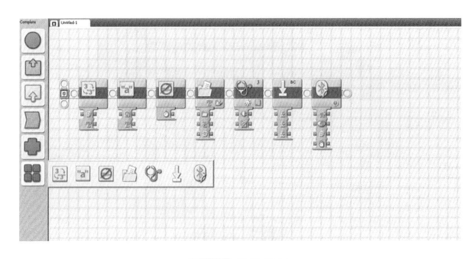

圖 3.51 進階模組

一、數字轉文字（Number to Text）模組

對我們來說，不管是數字還是文字，直覺上都是一樣的型態，但對於電腦而言，一次呈現只能是一種資料型態，且規定嚴謹。數字型態是專門用來做計算，即使秀出結果也會是一個數字，而文字型態是用來做字詞句子呈現。若我們做完計算得到一個數字後，希望加上量詞，像是 5「個」，則需將數字轉成文字的資料格式才能符合電腦輸出的規定。

數字轉文字模組參數設定（圖 3.52）：

1. 數值（Number）：只有一個設定欄位，可以在欄位輸入數值，或是外接輸入皆可，輸出則為文字格式。

圖 3.52 數字轉文字模組參數設定

數字轉文字模組資料中心（圖 3.53）：

1. 數字（Number）：輸入／輸出數值，為欲轉成文字的數值。
2. 文字（Text）：輸出文字型態的數字。

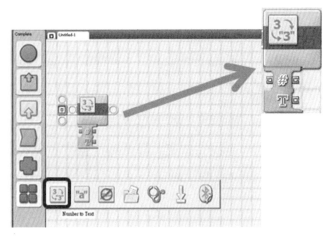

圖 3.53 數字轉文字模組資料中心

二、文字（Text）模組

可將片段的文字組合成句子的形式。

文字模組參數設定（圖 3.54）：

1. 文字（Text）：只有一個設定欄位，有 3 個輸入端，最多可以
   將 3 個不同片段的文字組合起來，例如：輸入分別為 H、app
   和 y 輸出則為 Happy（圖 3.55）。

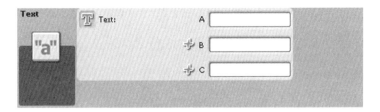

圖 3.54 文字模組參數設定

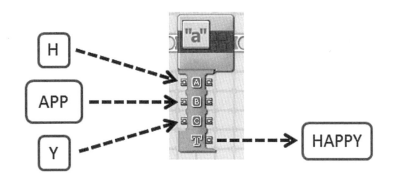

圖 3.55 文字組合範例

文字模組資料中心（圖 3.56）：

1. A：輸入欲組合之文字。

2. B：輸入欲組合之文字。

3. C：輸入欲組合之文字。

4. 組合文字（Combined Text）：如範例輸出組合後的文字串。

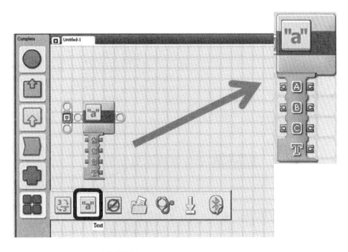

圖 3.56 文字模組資料中心

三、不休眠（keep Awake）模組

從 NXT 主機中可以設定休眠的分鐘數（Never、2、5、10、30、60 分鐘），而此模組可以讓 NXT 主機保持不休眠狀態。因 NXT 主機有時會設定休眠機制，但若在執行的某狀態下需要等待一段時間才會有資料讀入，即可使用不休眠模組。而此模組並無可設定之參數，只能由 NXT 主機內設定。

📝 **不休眠模組資料中心（圖 3.57）：**

1. 距休眠時間（Time until sleep）：輸出到 NXT 主機進入休眠還有多少時間。

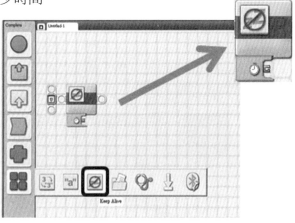

圖 3.57 不休眠模組資料中心

四、檔案存取（File Access）模組

透過檔案存取模組，可以將資料寫入並存至 NXT 主機裡，也可以從主機讀出或刪除檔案。

🕐 檔案存取模組參數設定（圖 3.58）：

1. 動作（Action）：選擇讀出（Read）、寫入（Write）、關閉（Close）以及刪除（Delete），其中若選擇寫入的動作後，一定要再加一個執行關閉模組在後面，才可以繼續讀出或刪除該檔案。

2. 名稱（Name）：編輯檔案名稱。

3. 資料種類（Type）：選擇輸入資料為文字或是數字。

4. 文字（Text）：若選擇資料種類為文字，可以從欄位輸入文字，或是由外接方式輸入。

5. 數字（Number）：若選擇資料種類為數字，可以從欄位輸入數字，或是由外接方式輸入。

圖 3.58 檔案存取模組參數設定

📝 檔案存取模組資料中心（圖 3.59）：

1. 檔案名稱（File Name）：輸入／輸出文字設定檔案名稱，最多 15 字元。

2. 初始檔案大小（Initial File Size）：為了使讀取減少時間浪費而有此參數，目的是用來紀錄檔案大小之數值，若為新建立的檔案則為空。

3. 文字（Text）：欲寫入之文字。

4. 數字（Number）：欲寫入之數字。

5. 錯誤（Error）：為預防欲儲存或讀取之檔案出錯而有此參數，
   若有出錯則輸出邏輯值為真。

6. 輸出文字（Text out）：讀取並輸出儲存在檔案內之文字。

7. 輸出數字（Number out）：讀取並輸出儲存在檔案內之數字。

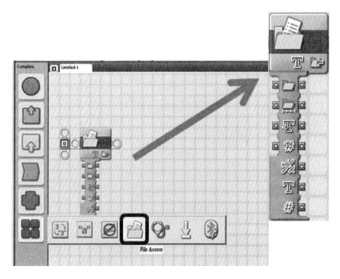

圖 3.59 檔案存取模組資料中心

五、校準（Calibrate）模組

利用此模組可以對於音源感應器與光源感應器的最大值與最小值
進行校準，因為環境的不同，對於感應器接收到值的起始點也不同，
透過校準最大值與最小值，才可以讓我們開發的機器人能適應不同的
環境。

🕐 校準模組參數設定（圖 3.60）：

1. 連接埠（Port）：決定讀入數值源自哪個連接埠的感應器。

2. 感應器（Sensor）：決定連接埠的感應器為光源或音源感應器。

3. 動作（Action）：有兩個功能可選擇，可以選擇校準該感應器的最大或最小值，也可以刪除該感應器的數值。

4. 值（Value）：選擇要校準的為最小值或是最大值。

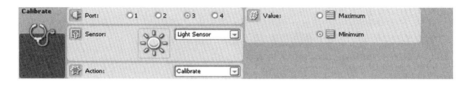

圖 3.60 校準模組參數設定

📝 校準模組資料中心（圖 3.61）：

1. 連接埠（Port）：輸入／輸出數值 1 至 4 代表欲校準之感應器連接埠。

2. 最大值／最小值（Max ／ Min）：輸入／輸出布林值，真（True）（✓）代表校準最大值、假（False）（✗）代表校準最小值。

3. 刪除（Delete）：輸入／輸出布林值，真（True）（✓）代表將校準清除（也就是回歸使用初始設定）、假（False）（✗）代表啟動校準。

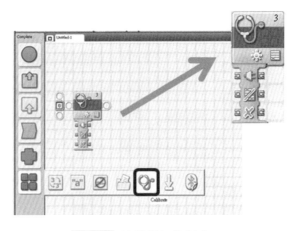

圖 3.61 校準模組資料中心

　　舉例來說，若今天我們要調整一個自己喜歡的光源感應器，一共需要用到兩個校準模組，兩個分別調整最大值及最小值。若使用後想將最小值恢復初始設定，就再添加一個校準模組，將最小值的校準清除即可。

六、重置馬達（Reset Motor）模組

　　重置馬達可以讓動作更加精準。

🕐 重置馬達模組參數設定（圖 3.62）：

　　1. 連接埠（Port）：決定重置的馬達，可複選。

圖 3.62 重置馬達模組參數設定

音源感應模組資料中心（圖 3.63）：

1. A 歸零（Reset A）：以布林值決定是否重製 A 馬達。

2. B 歸零（Reset B）：以布林值決定是否重製 B 馬達。

3. C 歸零（Reset C）：以布林值決定是否重製 C 馬達。

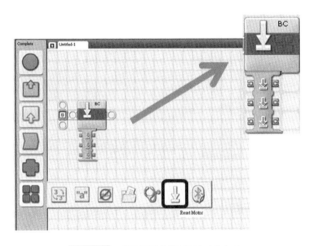

圖 3.63 重置馬達模組資料中心

七、藍芽連接（Bluetooth）模組（進階）

經由此模組可以使用 NXT 的藍芽連接功能，不過因為這個功能較不好使用，且進階版本的 EV3 已開始轉往無線網路的使用上發展，使用到的機會應該較少。

藍芽連接模組參數設定（圖 3.64）：

1. 動作（Action）：從欄位選擇開啟（Turn On）、關閉（Turn Off）、連接設備（Initiate Connection）、結束連接（Close Connection）藍芽裝置，另外可藉由外接方式，變換連接的設備或是中斷已連接的設備。

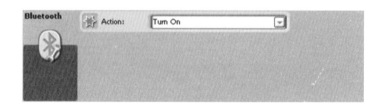

圖 3.64 藍芽連接模組參數設定

藍芽連接模組資料中心（圖 3.65）：

1. 動作（Action）：以數值控制動作 0 至 3 分別代表開啟、關閉、連接設備、結束連接。
2. 連接（Connect to）：輸入／輸出文字，連接上擁有此名字的設備。

3. 連接編號（Connection Number）：輸入／輸出數值1至4代表連接時希望使用的編號。

4. 中斷連接（Disconnect from）：輸入／輸出數值代表希望切斷的連接編號。

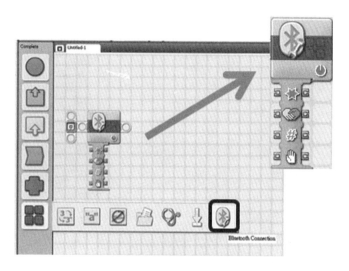

圖 3.65 藍芽連接資料中心

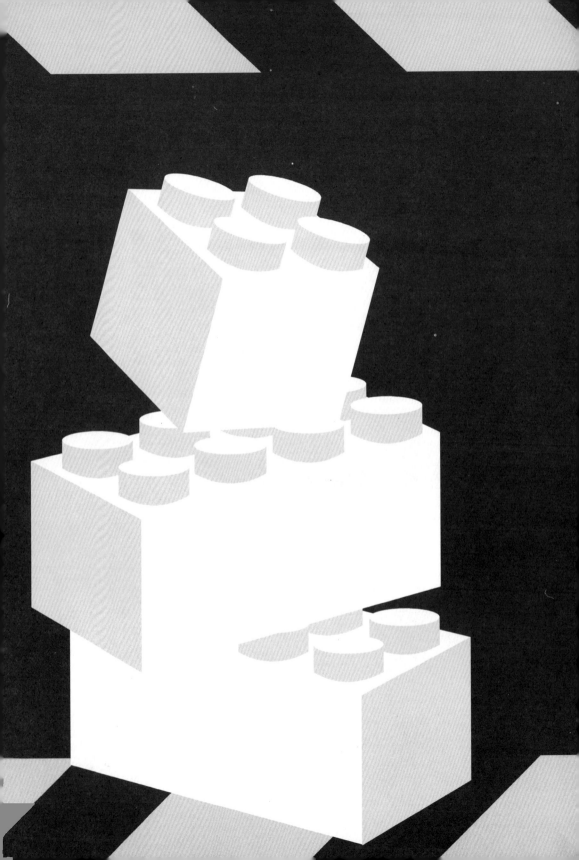

Chapter 4
設計應用與程式撰寫

在正式開始打造心目中的 LEGO 機器人之前，不妨先思考這台機器人需要甚麼功能？這些功能會用到那些感應器？裝載這些功能與感應器需要怎樣的機體？要用甚麼架構來寫出這個程式？預先思考這幾個問題可以幫助思考，並更明確的掌握目的，幫助我們製作出最符合理想功能的機器人。

目的 → 基體 → 程式

4 - 1
生物醫學
與 NXT（一）

圖 4.1　呼吸中止症示意圖

　　在前三個章節我們已經熟悉了各種的 NXT 感應器、功能，以及程式的撰寫方式，接下來則是以能夠「自由的運用 NXT」做為下一個目標。我們可以先從小型的功能來入門練習，嘗試將 NXT 運用在日常生活中。以下將循序漸進地進行第一個實作應用——檢測「睡眠呼吸中止症」，這個應用結合生物醫學，難度適中，但非常實用，馬上來挑戰吧！

首先，簡單說明一下甚麼是「睡眠呼吸中止症」？所謂睡眠呼吸中止症，是一種睡眠時呼吸停止的睡眠障礙，平均 20 個成年人就有一個患者，容易導致日間專注力、認知能力降低、渴睡、情緒不穩、暴躁，亦有可能併發心血管疾病。而睡眠時呼吸障礙可分成兩種：一種為「無呼吸」（Apnea）：口、鼻的氣流停止流動超過 10 秒；另一種為「低呼吸」（Hypopnea）：10 秒以上的換氣量降低了 50% 或以上。

　　而這個實作練習的目的是藉由 NXT 的音源感應器接收呼吸的聲響，並且記錄下來。生理訊號的量測原理主要為呼吸中止症病患往往伴隨著打鼾的情形，所以藉由打鼾所造成的聲音強度並透過音源感應器量測，判斷受測者是否有睡眠呼吸中止症以及其嚴重程度。

圖 4.2 檢測睡眠呼吸中止症構思步驟

　　接下來規劃程式撰寫的內容。首先我們假設睡覺時四周只有正常呼吸的呼吸聲高於 X 分貝，並使用「呼吸障礙的定義」——假設睡眠狀態時的呼吸間隔應小於 10 秒，所以要測量是否在每次接收到大於 X 分貝的聲響後的 10 秒內會接收到下一次大於 X 分貝的聲響。

基礎概念圖如下：

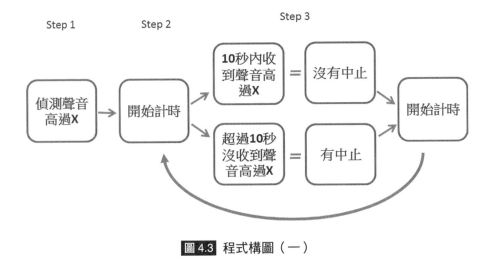

圖 4.3 程式構圖（一）

　　圖 4.3 所示的程式構圖（一），其實只是一個最初的概念，接下來必須清楚每一步驟、每一細節，並將可能會發生的狀況，機器人應該要有甚麼反應、動作之間的觸發與判斷等等考慮清楚，想得越完善，程式與機器人就越不容易出錯。

　　我們利用這個架構從頭開始想一遍。執行程式後，會先接收到第一個呼吸聲響，接著開始計時 10 秒。如果在 10 秒內接收到下一個呼吸聲響，就將計時停下，重頭開始往下一個計時 10 秒動作。如果 10 秒內沒接收到聲響，代表可能偵測到呼吸中止的症狀，於是我們命令程式記錄偵測到呼吸中止的次數 +1，接著等待偵測到下一個呼吸聲響，才接著重新開始往下一個計時 10 秒動作。如同下圖所示。

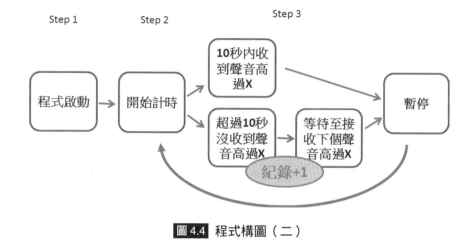

Step 1   Step 2   Step 3

圖 4.4 程式構圖（二）

　　以上都是直觀的程式構想，理論上大概有了這個程度的規畫就可以著手撰寫程式。但是如果您打算以程式構圖（二）的架構來撰寫程式時，肯定會遇到很大的問題：「需要同時做出時間與觸碰的判斷」。雖然這個問題能夠靠模組資料中心的運用來解決，但那會使程式變得十分繁雜，我們在後面的章節再作說明。在此先尋找另一個解決方式──把問題轉個彎。

　　既然我們要等待接收到下一個聲響才做反應，那程式構圖（二）可改成下圖。

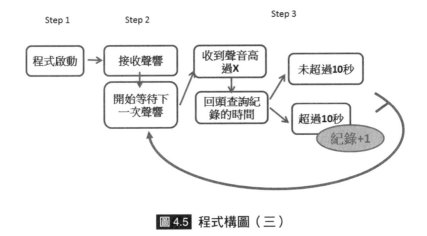

Step 1　　　　Step 2　　　　　　Step 3

程式啟動　→　接收聲響　　收到聲音高過X

開始等待下一次聲響　　回頭查詢紀錄的時間

未超過10秒

超過10秒

紀錄+1

圖 4.5　程式構圖（三）

　　您發現了嗎？這只是將「程式構圖（二）」的 step3 判斷的順序前後對調而已，這樣一來應該就能夠比較順利地寫出程式了。

　　最後再把 step3 的程式內容拆開來看，如果您能夠看懂這個部分，甚至能自己寫出來，就代表對 NXT 的運用以及寫程式的邏輯都有了很高的熟悉度。

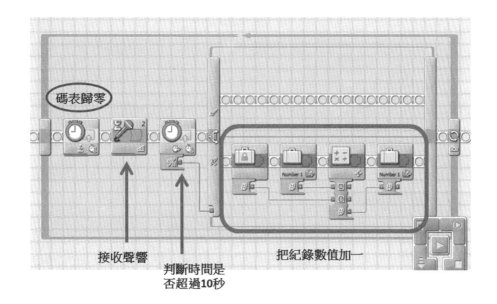

圖 4.6 程式構圖——分解 step3

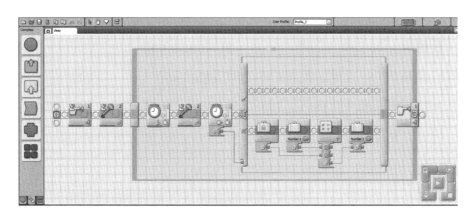

圖 4.7 程式圖

在完成程式後，我們會得到機器人記錄中止呼吸的次數，藉此加以分析得知受測者是否有睡眠呼吸中止的問題，以及其嚴重程度等。

程式構圖（一）到（三）是分析問題並編寫程式的基本步驟，但這只是最陽春的概念。接下來必須補強程式的不足，讓機器人的反應更臻完善。我們可以透過聯想力來猜想可能面臨的問題，以及靠實際運行試驗，以瞭解程式不足之處，然後反覆試驗以將它優化，使執行時更精確或是更順暢。

身為程式開發的過來人，很深刻的體驗是往往從最初對功能的發想，到實際上應用，有一段理想與現實的落差，也因此必須很有耐心的優化，進而克服問題。舉例來說，在接收呼吸聲響的同時，必須具備能避免被周遭環境聲音干擾的能力。所採用的做法是，為了配合受測環境，在晚上睡覺的房間測試音源感應器，運用測試感應器功能的「View」先估計房間內的聲響程度，以決定在撰寫程式時所使用的音量標準。如果雜音問題很嚴重，就得調高 X 的大小，但也為了怕同時過濾掉了呼吸聲，須將感應器離受測者更近一些。在設計程式時若是能夠排除越多狀況，這個設計就會愈完善也愈實用。相反地，要是程式有無法解決的問題，也就有更多使用限制，實用性也因此降低，這是每位設計者都需要面對的挑戰。

經過調整與改良，前面的實作程式應該已得到很好的成效，您也已經感受到 NXT 的實用性，只要配合巧思便能更靈活地運用在生活中。像檢測睡眠呼吸中止症的實作也可以修正做為檢測噪音污染的程度，或是換個感應器來檢測光害的汙染程度，也可以強化環境聲響的

判讀來打造出沒人或睡眠時能自動關燈的節能設備等等，都是很實用的生活設計。

📝 練習 4-1

1. 完成了呼吸中止症的測試，您有辦法運用音源感應器／超音波感應器以及有色燈泡模組，創造一台能感應聲響或物體接近就開燈的機器人嗎？（類似自動感應照明設備原理）

2. 利用超音波感應器，在房門口設計一台統計進出次數的機器人，同樣的原理，也可以延伸作出警報裝置，或是送給第 100 位參訪者一首歌做為驚喜吧！

3. 還記得溫室的花朵是以燈光來控制開花時間嗎？利用光源感應器與有色燈泡，為自己的花圃設計一個控制 10 個小時日照的設備如何？（進階）

⚠ 小叮嚀：

要控制日照時間 10 個小時，需要在清晨出太陽時用光源感應器記錄下時間，而日落時也需要靠光源感應器進行探知，接著補上不足 10 個小時的部分，再結合常數模組與數學模組加以應用喔！

4 - 2
生物醫學
與 NXT（二）

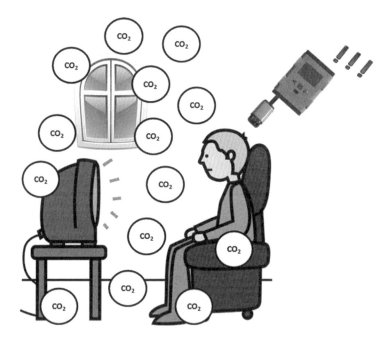

圖 4.8 呼吸警示示意圖

　　在秋冬之際，因為天氣寒冷，在家中往往會將窗戶關上，弄得密不透風，因此使得二氧化碳濃度上升，使得呼吸困難、腦部缺氧、臉紅心跳，也讓工作效率降低，所以設計一個呼吸警報器，可以降低這類的情形發生。

呼吸警報器利用的原理，是因為腦部在二氧化碳濃度上升時，呼吸頻率（次數）增加。經過了 4-1 節的介紹以及習題練習，您大概已經想到，只要將音源感測器去量測呼吸次數，並且設定 1 分鐘，即可以計算出 1 分鐘內的呼吸次數，但要特別提醒的是，在程式編輯時，要先抓到呼吸的分貝大小，透過這個設定，進而量測呼吸次數。

　　透過這兩個生醫相關練習題，相信您已經對於 NXT 結合生活應用，有了初步的概念，其實只要透過幾個步驟，即可以設計出結合生醫應用的機器人，簡單歸納其重點如下：

　　首先，我們需要先了解要解決的問題，再來利用程式編輯所需要的生理訊號，舉例來說，呼吸就跟聲音相關、室內亮度就跟光感有關、圖片分辨就可用顏色感應，只要設計妥善，便可以做到保護眼睛、幫助色盲問題，所以 LEGO NXT 機器人結合生醫概念之後，能讓 NXT 系統整個活化起來，無限創意可自由發揮！接下來的小節則將介紹 NXT 其它方面的實作，也就是現今 NXT 玩家做為競賽與研究的主要方向。

4 - 3
循跡車

圖 4.9 循跡車示意圖

　　LEGO MINDSTORMS NXT 一開始主打益智玩具市場，但因為它的變化性與發展性很大，在推出不久後，坊間與官方開始接連舉辦多場相關的比賽，反而為 NXT 開創出更廣大的玩家市場。這些比賽通常需要機器人行動並做出一些判斷與反應，但因為以超音波感應器控制行動的技術需求較大，穩定性也較低，加上比賽的重點並不是在

路線上，於是比賽題目本身就會主動提供一個畫好的「軌道」來讓機器人行走。這種「軌道」其實只是單純在場地上畫黑線，而「線」上就是機器人的行動範圍，依照本章一開始的問題來思考，我們的機器人要有「行動」與「感測有沒有走在黑線上」的功能，能滿足這兩項要求的陽春機體就是「循跡車」。然而，在已經提供黑線作為軌跡行進的情況下，要如何構造出一台機器人來「走在線上」？

面對這個問題，首先要考慮到硬體與程式兩個部分。硬體指的是機器人的外觀機體功能，以這次的目標來看，主要需求有「行進」與「偵測黑線」。而想要機器人行進，最簡單的方式就是建構一台有馬達控制一對輪子的車，要能沿著黑線跑就需要有感應器能夠偵測黑線，最佳選擇就是「光源感應器」。接著就需要發揮「動手做」的能力，如何利用 LEGO 積木將 NXT 主機與兩台馬達拼裝出一台得以在平地行進的車也是一門學問。車體大小、輪子大小、輪距、重量、長度、輔助輪的有無等等，各式各樣的因素都會直接、間接地影響機器人動作，也常常會在遇到一些問題後必須對車體做出調整甚至重製。如果是對組裝上都還完全沒有概念的話，不妨先參考 LEGO 積木的說明書或是程式 LEGO MINDSTORMS NXT 主頁面上右方的組裝教學（圖 4.9）做出最基本的車體（圖 4.10），之後再按照喜好加以改良，若您已經有 LEGO 組裝基礎，可以嘗試靠自己的創意組出理想中的車型（圖 4.11）也別有樂趣。需要注意的是，因為車體在只有兩輪的情況並不能平穩的站著，所以通常會裝上一到兩個不接馬達只受外力轉動的輔助輪來平衡，為了在轉向時能夠順利，輔助輪最好能夠有左右旋轉的可動性，才不至於卡住而使轉向困難（圖 4.12）（圖 4.13）。

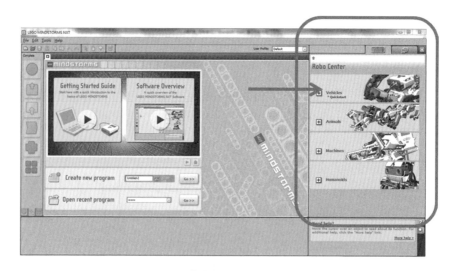

圖 4.10　組裝教學

圖 4.11　最基本的車體

由淺入深
樂高 NXT 機器人與生醫應用實作

圖 4.12 創造各種不同車型

提供轉動功能的輔助輪，並未卡死。

圖 4.13 輔助輪的製作

　　在完成了車體後，只要裝上不同的感應器並灌入不同程式，就可以執行各種各樣的功能。如前說明，我們已順利創造出能夠前行的車體，接下來必須將光源感應器裝在車頭，做出「循跡」的功能（圖4.14）。

圖 4.14 裝上光源感應器

　　這個「循跡」功能的基本概念來自本書第二章的判斷模組，循跡車也就是沿著黑線的邊邊（左側或右側皆可，但程式寫法左右相反）向前跑，在此先假設為沿著黑線的右側，當裝在車頭的光源感應器判定為白色，就代表車頭目前過於偏右以至於離開了黑線；而當感應器判定為黑色，則代表車頭在黑線上，也就是離開黑線的邊緣往左偏了。根據上述感應，我們就有辦法指示車子修正行進方向，這個概念下的循跡車是用一種接近左右輪輪流加速的方式前進，會有一種左右晃動的感覺，如何讓車子行進的最自然，就要看各自調整參數的功力了（圖 4.14）（圖 4.15）。

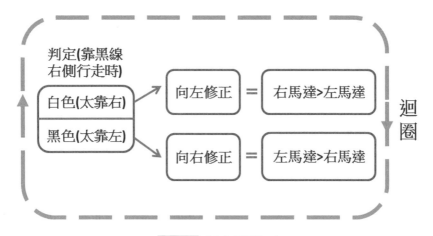

判定(靠黑線
右側行走時)

| 白色(太靠右) | → | 向左修正 | = | 右馬達>左馬達 |
| 黑色(太靠左) | → | 向右修正 | = | 左馬達>右馬達 |

迴
圈

圖 4.15 循跡邏輯概念

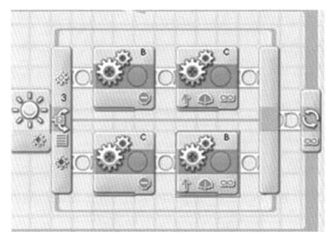

圖 4.16 實際循跡程式樣貌

　　或許您會好奇,圖 4.15 的程式在其中一個馬達前進時,會使另一個馬達停下,似乎與圖 4.14 敘述不符?差別又在哪呢?其實若是一次只動一個馬達,優點是不容易脫離軌道(黑線)而迷失,但缺點就是行動起來會顯得很頓,而理論上只要馬達速度一大一小就能達到

轉動的功效，實際適合的速度卻會根據軌道形狀不同會有所差距，您會在設計過程中漸漸體會。

但是這種循跡車有些潛藏問題，可能會使得我們打造出來的機器人儘管其程式沒有錯誤，卻無法順利在黑線上跑，其原因與解決方式如下：

1. 機器人原地左右晃動而無法順利向前

   若是左右晃動的很厲害而沒有向前，可能是前進的速度太慢所造成，也就是變相的轉向力道過強。這個部分不一定是程式撰寫不完全，也可能是程式與機體不合，輪子大小和輪距都會影響到前進的速度。

   最好的解決方式就是調整參數並多加測試，找出適合自己機體的參數數值，可以在左右馬達向前速度、左右轉角度大小部分來加以調整。

2. 機器人無法轉彎

   若是機器人速度太快會造成衝出軌道之後，偵測不到黑線而原地旋轉，原因正好與原地左右搖晃相反，是因為向前的速度太快造成光源感應器的判斷跟不上速度。

   解決方式是直接降低左右馬達的速度，或是更改迴圈執行的頻率以加速判讀，因為第二種方式最多只能提高判讀速度到某種程度，要是本身機器人速度太快，則仍然無法解決問題。

3. 機器人無法行走彎度很高的過彎

   這個問題基本上不是程式與機器人的問題，而是過彎的彎道超越了單光源感應器所能偵測的極限，如果以無法轉彎的概念來

由淺入深
樂高 NXT 機器人與生醫應用實作

理解，或許可以降低行進速度來解決，但也可能造成機器人行動緩慢、缺乏效率。

若要根本解決問題，建議使用兩個光源感應器作為偵測器，在之後會詳加說明。

4. 機器人遇到十字叉路會產生不同判斷

若是判讀速度夠快或是前進速度夠慢，機器人會因偵測到兩旁的黑色而轉彎，反之若是判讀頻率不高或是速度偏快，機器人就會先衝過十字路口，或許會因偵測到兩旁黑色稍微晃動一下，卻會在回到正路上之後穩定下來繼續前進。

到此為止，我們已經大致解決了單光源感應器的循跡車所會遇到的問題，可以往進階應用出發囉！接下來我們可以增加尋找物體、撿拾物體、投擲物體等可能會在比賽中使用到的功能，這個部分在考驗使用者對馬達與感應器的應用，還有改裝機體的能力。（圖4.16）更可以作車體的進階——雙光源感應器循跡車，使循跡更加完善。

雙光源感應器循跡車是單光源的進階改良版，雖然最陽春的NXT組中只有提供一個光源感應器來使用，但為了探討兩者的差異，以下我們會稍微花一些篇幅做介紹。主要是以兩個光源感應器將軌道（黑線）夾在中間（圖4.17），而程式概念與單光源相似，只是因為有兩個感應器互相比對使得判定結果更加嚴謹。另外還能根據程式的改良，對岔路情形作出反應，是單光源無法做到的。

圖 4.17 增加循跡的附加功能　　　圖 4.18 雙光源感應器車體

　　圖 4.18 是從循跡程式的單光源想法而衍生出來的第一種雙光源
判定程式。仔細想想這個程式代表的意義，會發現只是把左右的感應
器判定各做一遍，僅僅提高了判定的效能與動作的順暢罷了。由於實
際上我們希望的是能夠有更精確的效果，因此經過改良將得到第 2 種
程式（圖 4.19）。

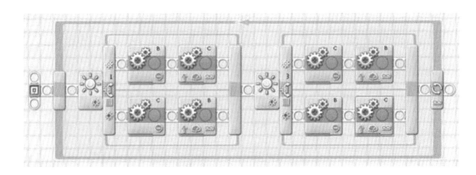

圖 4.19 雙光源判定程式

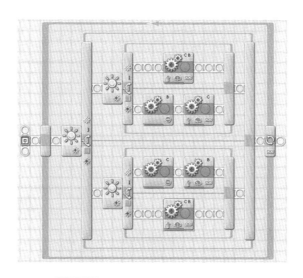

改良後的雙光源判定程式

這個程式藉由 3 個判斷模組，做出了 4 種選項區別：

1. 左白右白：剛好走在線的兩側 → 正常前進。
2. 左白右黑：向左偏 → 向右修正。
3. 左黑右白：向右偏 → 向左修正。
4. 左黑右黑：特殊情況 → 單光源無法感測到的特殊情況，代表走到了非單一軌跡之處。

這個程式判斷更為精確，也可以使得行進速度提高而不出錯，而左黑右黑的時候要做出甚麼反應就是另一回事了，可以設計何時要停下發出警示音、向其中一方轉彎，或是倒轉 180 度等等，變化非常多。

練習 4-3

1. 使用雙光源感應器，你能從箭頭
   處出發繞一圈後回到箭頭處嗎？
   若使用單光源感應器呢？（圖
   4.21）

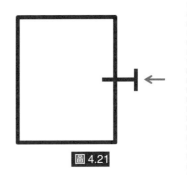

圖 4.21

2. 寫個程式，使車子從長方形中
   找到出口出去吧！（方形的出
   口處為灰色或其他淺色）。（圖
   4.22）

圖 4.22

⚠️ **小叮嚀：**

1. 軌道建議用放大列印或黑色絕緣膠布貼在地上，建議黑線寬度
   介於 2 至 3 公分左右較為合適。
2. 單光源感應器如果放慢速度、放大轉動角度，會發生甚麼狀況
   呢？往這個方面去構想程式，或許能將缺點變成優點喔！
3. 從長方形找出口的程式寫法很多，別忘了出口是淺色或灰色，
   你能區別出黑灰與白嗎？經過出口後把車停下來吧！

4 - 4
alpha rex 機器人

　　到目前為止，我們都是以車子作為主軸來寫程式與研發功能，感覺好像有點膩了，看著 NXT 盒子上站立型機器人的照片，是不是覺得好像遙不可及呢？其實 LEGO 的教學示範中有為使用者設計了入門版的機器人製作與試玩介紹，在本章的最後，我們也帶大家來了解一下這個帥氣的機器人吧！

　　在程式 LEGO MINDSTORMS NXT 主頁面上右方的組裝教學（圖4.8），有完整的機器人組裝教學，被命名為 alpha rex，主要分成 3 個部分：腳、手與感應器，以下分別介紹其硬體與程式：

1. 腳：

　　要使人型機器行走是一件不容易的事，如果真的要走路，其實各個關節的控制與整體的平衡就夠讓人頭痛了。但因為 alpha rex 只是一個最陽春的人型機器人，它捨棄了膝蓋關節與髖關節的控制，也就是說，對 alpha rex 來說要控制的只有腳踝的關節而已，走路會有點像企鵝。

alpha rex 的左腳與右腳分別使用了一隻馬達與一個觸碰感應器，基本是彼此對稱。而觸碰感應器是為了感應關節的活動狀況，另一部分也能有一點緩衝效果（圖 4.22），腳底板為了維持平衡顯得有點大也是無可奈何的，但整體來說這個腳踝關節跟我們人類的關節長得還算相似（圖 4.23）。

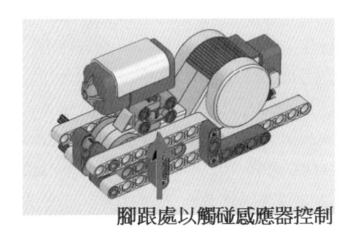

圖 4.23 彼此對稱的觸碰感應器

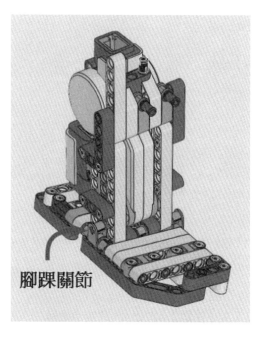

腳踝關節

圖 4.24 alpha rex 的腳踝關節設計

　　程式的部分，則是需要先將機器人回歸到立正的狀態，也就是左右腳的腳後跟都壓下感應器的狀態（圖 4.25 Step1），這是只有初始的時候會用到的動作。接著是雙腳的移動，因為只有腳踝有關節，所以我們要靠兩腳步伐大小的不同來一邊維持平衡一邊跨步（圖 4.25 Step2）。為了在左腳跨出第一步時維持平衡，一開始右腳要稍微先往前一些，接著兩腳都稍微縮回，來到向前一步距離的立正姿態，接著重複交錯進行。

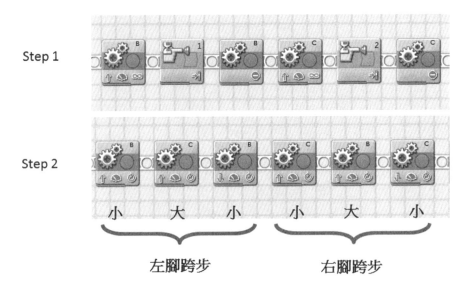

Step 1

Step 2

小　　大　　小　　小　　大　　小

左腳跨步　　　　　右腳跨步

圖 4.25 alpha rex 的跨步設計

　　這個部分或許比較難懂，您不妨坐在地板上伸直兩腳，只動腳踝關節來感受機器人的行動。

2. 手：

　　因為 NXT 主機只提供 3 個馬達輸出，而我們剛剛的雙腳已經使用的兩個馬達，剩下來其實最後一個馬達，只能裝在脊椎的位置，使雙手在行走時能夠跟著動而已。

　　若能依序按照上述步驟設定及操作，便能體驗打造一個具有動力的 LEGO NXT 機器人，只要多加衍伸、不斷嘗試，便能玩出屬於自己的 LEGO 樂趣哦！

Chapter 5

LabVIEW 與 NXT

前面章節我們紮實的瞭解了 NXT 的架構、模組與大型範例應用，從無到有的建立 NXT 機器人概念，並且對圖形化程式的寫法有所瞭解，但為了讓我們的機器人擁有更靈活的開發環境，本章節將介紹另一個工具－LabVIEW（Laboratory Virtual Instrumentation Engineering Workbench），中文稱作「實驗室虛擬儀器工程平台」。

5-1
LabVIEW 工作平台

　　LabVIEW 是由國家儀器（National Instrument）公司所提供的工作平台，亦為圖形化的程式界面（圖5.1），對於經過 LEGO MINDSTORMS NXT 訓練的各位，相信不難去理解與學習。其實 LEGO MINDSTORMS NXT 就是由 NI 公司替 LEGO 公司量身訂做的程式編輯介面，而 LabVIEW 就像 LEGO MINDSTORMS NXT 的母體，LEGO MINDSTORMS NXT 做得到的，LabVIEW 當然也做得到，因此藉由學習 LabVIEW 可以增加開發的靈活度。而本章接下來就開始探索 LabVIEW 程式（簡稱 VI）的三個主要部分——程式介面、程式方塊圖以及資料流，適當的使用此三個部分後，即可以建立一個獨立的 VI，將此自行創造的 VI 加入到 NXT 機器人，使得它能更加活躍。

　　除此之外，NXT 主機本身也是由 NI 公司所開發出來的，它包含了 I/O 以及作業系統部分，其中最主要關係到感應器的工作原理就是 I/O 的設計，所以在此章最後面也補充了 NI 的資料擷取（Data Acquisition；DAQ）做為教材，目的就是讓您可以真正了解到資料擷取的過程，更進一步甚至可以透過 DAQ 卡結合 NXT 主機，讓它不再受限於有限的感應器上面，可以搭配外面市售的感應器，做到 NXT 機器人無限發展的可能性。

由淺入深
樂高 NXT 機器人與生醫應用實作

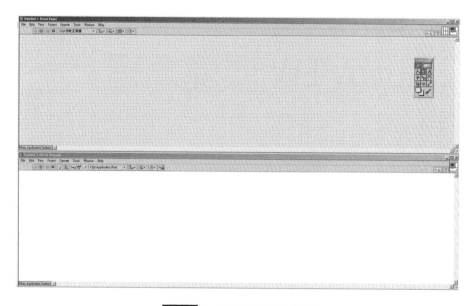

圖 5.1 LabVIEW 程式介面

5 - 2
LabVIEW 環境介紹

　　LabVIEW 開發環境與 LEGO MINDSTORMS NXT 相似，都是以程式方塊圖做為撰寫方式，而程式介面比較不同的是分成「使用者介面」（Front Panel）與「系統流程圖」（Block Diagram），接下來對此兩介面分別作介紹。

1. 使用者介面（Front Panel）：LabVIEW 全名為「實驗室虛擬儀器工程平台」，因此使用者介面就是提供撰寫者設計一個虛擬平台，對於平台想當然爾就會有設定控制變數、啟動按鈕、顯示儀板等，皆可在此處設計並做調整，也因使用者介面是提供使用者調整之用，所以不會有像是程式方塊圖與資料流的概念，不過每個在使用者介面的元件，都會在程式區有相對應的程式方塊圖做為對應。簡單地概括來說，使用者介面就是設定參數與顯示結果的地方，而系統流程圖就是提供編寫程式的地方，與 LEGO MINDSTORMS NXT 相似。

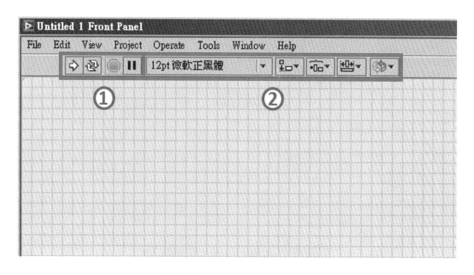

圖 5.2 使用者介面功能列

　　使用者介面也提供了一些簡單附加功能（圖 5.2）。在使用者介面 1 號區，主要是提供程式執行時後的操作指令，由左至右分別是執行（Run)、連續執行（Run Continuously)、強制停止（Abort Execution）、暫停（Pause）。「執行」的功能為將編寫好的程式跑過一次，確認是否有錯誤的地方，然而若此程式不能執行時會出現斷鍵號（圖 5.3），可以點選斷鍵號去瞭解哪個環節使程式不能使用；「連續執行」則是可以將一個程式跑很多次，藉此可以瞭解程式的穩定性；「強制停止」為當程式正在執行時，想中止程式但又沒有設計停止按鈕時可以使用；「暫停」則是將正在執行的程式暫停住，可以透過此功能去觀察程式執行到哪個步驟。

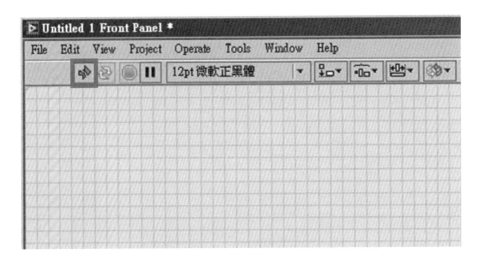

圖5.3 不能執行時會出現斷鍵號

　　使用者介面 2 號區的功能，提供了設計者可以調整字型與物件對齊的功能，對於使用者而言一個簡單有設計感的程式介面，會使得使用意願大大提升，撰寫者可以善加利用這些功能。

2. 系統流程圖（Block Diagram）：就如名稱一樣，此區域提供程式設計者編寫程式，並且以程式方塊圖的形式提供撰寫，對於剛學完 LEGO MINDSTORMS NXT 的各位應該並不陌生，而 LabVIEW 提供了比 LEGO MINDSTORMS NXT 更加自由的環境做編寫，可以在此處隨意的調整變數型態，而系統流程圖所設計的每個程式方塊圖並不會在使用者介面中都有相對應的元件。

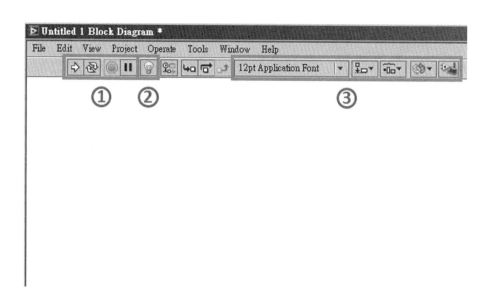

圖 5.4 程式區功能列

　　系統流程圖也有提供附加功能（圖 5.4），在系統流程圖 1 號區的功能與使用者介面 1 號區相同，而系統流程圖 2 號區為燈泡（Highlight Execution），燈泡的功能就是讓程式一步一步的執行，並且顯示到達每個程式方塊圖的變數內容，燈泡可以用來 debug 程式是否有不合邏輯的地方並加以改善，而系統流程圖 3 號區則跟使用者介面 2 號區相同，可以用來調整字型與物件對齊的功能。比較特殊的功能是最後面的掃把（Clean Up Selection），它可以很快速的將畫面上已寫好的系統方塊圖與連接的線做整理，但此功能就像是東西亂放的房間，有人幫你整理好之後，你反而不知道每一樣東西放在哪裡一般，所以在使用上要特別注意。另外就是介於系統流程圖 2 號與 3 號區之間的四個功能選項，其主要功能亦是在 debug 期間給予不同方向的幫助，有興趣可以多加嘗試，此處就不再多加介紹。

5 - 3
LabVIEW 基本指令

　　LabVIEW 總共有兩個不同的指令集，控制方塊（Controls）以及功能方塊（Functions）（圖 5.5），分別對應到「使用者介面」與「系統流程圖」，只要您在想使用的環境介面中點選滑鼠右鍵，即可以叫出對應的指令集，而指令集內的程式方塊圖非常多種，此章節只針對部分較為重要的功能做介紹，倘若想再更進一步瞭解其於程式方塊圖，不妨多加嘗試。

由淺入深
樂高 NXT 機器人與生醫應用實作

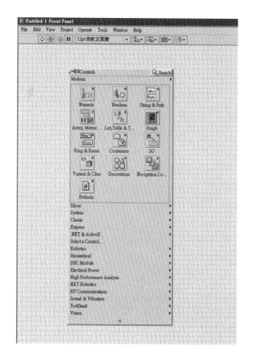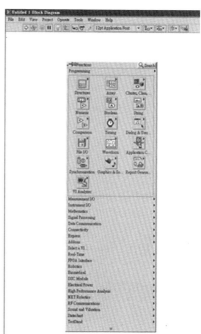

1. 控制方塊（Controls）：此指令集位於使用者介面中，因此多
   數的程式方塊圖都會偏向儀器面板的設計做呈現，因此使用的
   方塊圖多以擬真的方式顯現，而特別要介紹的是數值控制方塊
   圖（Numeric）（圖 5.6），數值方塊圖是將數值以不同的方式
   作顯示或是用其去輸入數值，由圖 5.6 中可以看到，上排是直
   接顯示或輸入數字，而後面則是利用數值條或是旋鈕的方式來
   做控制，在使用者介面設計上，選用一個好的控制方塊，可以
   使得使用者快速進入狀況，以利學習如何操作，這方面設計可
   以由程式設計者發揮想像力，與積木一樣要如何拼湊才能呈現
   心中的作品。

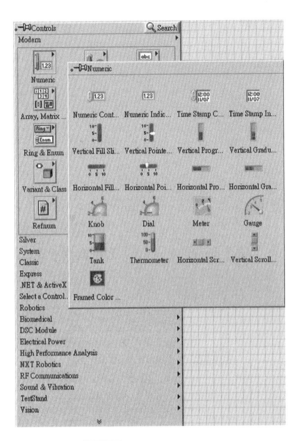

圖 5.6 數值控制方塊圖

2. 功能方塊（Functions）：功能方塊位於系統流程圖中，透過功能方塊圖進而撰寫程式整體架構，而撰寫方式與 LEGO MINDSTORMS NXT 類似，您應該可以很快就能上手，然而其功能相當多種，此處特別介紹兩種最常用到的功能方塊，分別為數值功能方塊（Numeric）（圖 5.7）與陣列功能方塊（Array）（圖 5.8）。

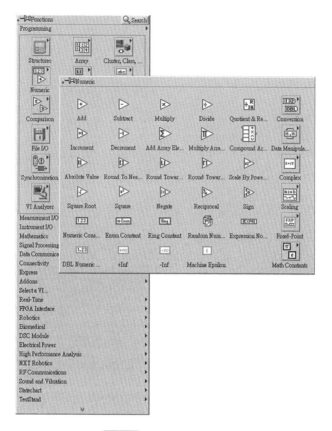

圖 5.7 數值功能方塊

　　數值功能方塊如上圖所示，都是大家相當熟悉的運算符號，所以應該可以直覺想到，它能將使用者介面所輸入的數值加以運算過後，輸出至下一個程式方塊中，運算是最常會用到的程式撰寫指令，您可以多加利用此處的各項功能；陣列功能方塊也常會使用到，因為我們存放資料多以陣列的方式做儲存，而此處有相當多的陣列操作方塊，不論是讀取其中一筆資料、切割陣列、排序陣列、搜尋陣列……等，大家可以建立一個陣列，多多嘗試不同陣列操作技巧。不管是數值還

是陣列的處理都是相當重要的環節，如果可以適當加以使用，不只可以有效的減少執行時間，也可以減低系統流程圖的篇幅大小。

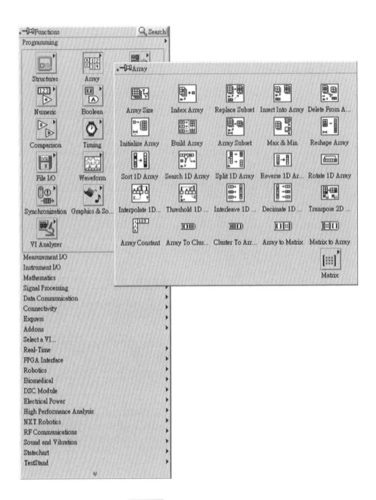

圖 5.8 陣列功能方塊

由淺入深
樂高 NXT 機器人與生醫應用實作

5 - 4

LabVIEW 的
「NXT」指令集

　　經過前面 LabVIEW 的基本操作簡介，您應該已對 LabVIEW 撰寫介面有些概念，倘若想要有更深入的瞭解，可以在網路上搜尋到一些 LabVIEW 的教學，或是市面上也有許多 LabVIEW 相關書籍可供參考。而此小節將會對於 NXT 的指令方塊做介紹，經由在 LabVIEW 上開發程式，讓 NXT 機器人有更多元化的變化，接下來會分別介紹「控制方塊」和「功能方塊」，另外也會對於如何連接 NXT 主機稍做解說。

　　在測試程式前必須要先與 NXT 主機作連接，才可以確認撰寫的程式是否真的可以執行，以下透過圖 5.9 解釋如何連結 NXT 主機。

　　先由使用者介面上方的工具欄（Tools）→ NXT 終端機（NXT Terminal），經由這簡單的步驟就 LabVIEW 就會自動去偵測與電腦連結的 NXT 主機，若連結上會出現如圖 5.10。

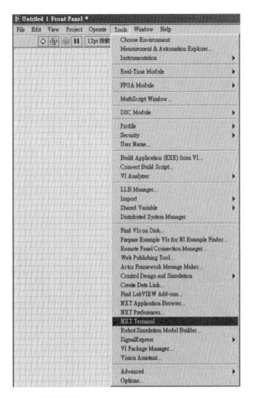

圖 5.9 LabVIEW 與 NXT 連結

可以使用已連結的操作介面去判斷已在 LabVIEW 所寫的程式是否可執行,並且提供了下載的選項,能將程式載到主機中作使用,另外也提供了如 LabVIEW 燈泡的功能,可以開啟除錯模式執行,它將會執行緩慢的執行程式以提供除錯,一旦連接之後就可以開始撰寫 NXT 主機可執行的 VI 了,不過當然我們要先瞭解屬於 NXT 的指令集有哪些可以提供使用,接下來就會由控制方塊與功能方塊兩個不同區域的指令集做切入。

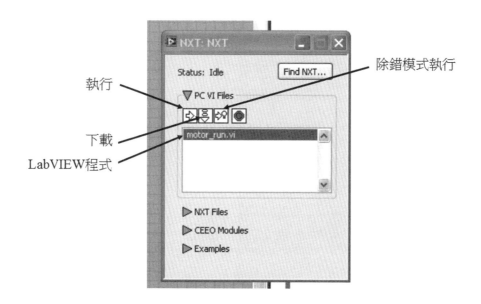

執行

下載

LabVIEW程式

除錯模式執行

圖 5.10 與 NXT 主機連結的操作介面

1. NXT 指令於控制方塊：控制方塊位於使用者介面，所以 NXT
指令方塊在這介面中也是以顯示與設定參數輸入為主，如圖
5.11 可以看到位於使用者介面的 NXT 指令方塊。

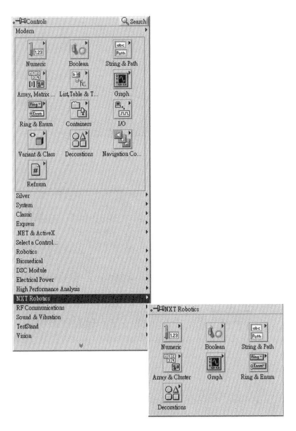

圖 5.11 NXT 指令集於使用者介面

　　您是否對這些程式方塊有似曾相似的感覺，沒錯！這些方塊就與 LabVIEW 所使用的數值參數輸入與旋鈕等並無不同處，但從 NXT Robotics 去選擇使用的程式方塊，好處是確定哪些方塊可以在 NXT 主機上作使用，而此處提供了數值控制方塊、布林控制方塊等等，也曾經在本書前面章節介紹過，您可以再把這些方塊拉出至使用者介面中再做複習。

2. NXT 指令於功能方塊：功能方塊位於程式流程圖中，此區對
於 NXT 程式方塊就有了不一樣的設計，它是朝向調控馬達、
感應器、聲音等等，與 LEGO MINDSTORMS NXT 的功能大
多雷同，能在 LEGO MINDSTORMS NXT 找到的功能這邊都
找的到，但如下圖 5.12，便可以看到 NXT Robotics 裡部分方
塊與功能方塊裡原有的方塊設計有所差別。

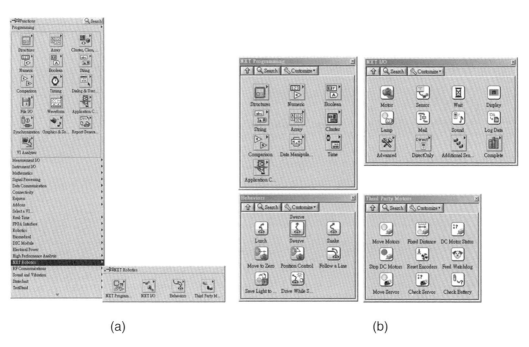

(a)　　　　　　　　　　　　　　(b)

圖 5.12 (a)NXT 指令集於系統流程圖、(b)NXT 指令集細部介紹

此區方塊所呈現的形狀為圓角矩形，代表為 NXT 專用的方塊，
而除了原有的一些程式方塊 (數值方塊、布林方塊等等，還多了許多
可以做細部設定的方塊，如馬達方塊（Motor）、感應器方塊（Sensor）

等等，它如同在 LEGO MINDSTORMS NXT 裡的調控方塊，而 LabVIEW 裡面提供了更多的功能去做選擇，倘若想更加熟悉這些程式方塊的使用，可以將第四章的主題或是前面有提過的練習題，利用 LabVIEW 來重現這樣題目，甚至可以加入一些新的程式方塊，增加原本機器人的靈活度與應用，如圖 5.13 是將之前 2-4 小節的畫星星範例，利用 LabVIEW 實作之後的成果圖，您可以在重畫時觀察 LabVIEW 提供了哪些不一樣的功能作為使用，經由熟練 LabVIEW 的操作之後，相信對於開發上更能大展拳腳了。

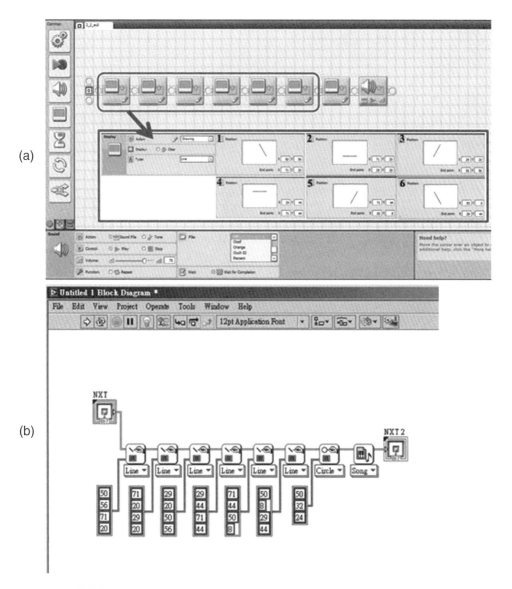

(a)

(b)

圖 5.13 (a) 第二章畫星星範例、(b)LabVIEW 上實作畫星星範例

5 - 5
NXT 與 C 語言

從最開始使用 LEGO MINDSTORMS NXT 2.0 軟體來編寫 NXT 的程式，接著學習到身為源頭的 LabVIEW，會發現其實這些都是圖形化的控制軟體，雖然有較直觀、好用、易上手的優點，卻也因此讓編寫的靈活度有所限制。

為了能從最初始的指令開始編譯程式，世界各地的使用者也自行開發了許多其他的程式語言，而目前為止最多人使用的應該是 NXC（Not eXactly C）。NXC 適用於 Bricx Command Center（簡稱為 BricxCC）介面，類似 C/C++ 的語法。這種程式語言幾乎等於無中生有的撰寫程式，需要一定的 C 語言基礎，上手難度比較高。(程式撰寫介面為 BricxCC（需另外安裝），而 NXC 則是這種類 C/C++ 的程式語言的名稱，在撰寫完成後需要靠 NBC（Next Byte Codes）來編譯成 NXT 可以使用的執行檔)

以第二章出現的【範例二】為例：

向前走三秒　➡　停頓　➡　向後走五個輪距

由淺入深
樂高 NXT 機器人與生醫應用實作

```
task main()

{

OnFwd(OUT_BC,50);              //BC 馬達向前，50 為 power 值。

Wait(3000);                    // 向前的時間為 3 秒。

Off(OUT_BC);                   //讓某個port所連接的馬達停止轉動。

Wait(1000);                    // 停頓的時間設定為 1 秒。

RotateMotor(OUT_BC,50,-1800);  //BC 馬達反轉 5 圈，50 為 power 值，
                               //-1800 為向後轉角度 1800 度 =5 圈。

}
```

　　使用 NXC 的另一個好處是，一個主程式即可完成數個方塊所構成的動作，在複雜的迴圈使用上更加明顯。如果使用者曾學過 C/C++ 語言的話，會相對好上手許多，不過由於使用 NXC 還需要熟悉各感應器、模組、輸出等的操作指令、函式（Function）等等，算是比較進階的 NXT 操作，在此僅簡單說明，提供給想深入研究的朋友另一個探索、發展的可能性。

附錄　LEGO MINDSTORMS NXT 圖示對照表

圖示	符號意義	說明
	Port ／ Motor	連接埠／馬達。圖示上加字母則為指定馬達，如 L 為左馬達、R 為右馬達、？為其他馬達。
	Direction	方向。邏輯值真（P）向前、假（O）向後。
	Steering	轉動。數值同時控制左右輪馬達以向左或向右轉彎。
	Power	力道。控制馬達出力，數值介於 0-100。
	Duration Degrees	為期。控制動作進行的時間。 角度。單位為度。
	Action	動作。以數值控制動作的內容，根據各模組而有所不同。
	Next Action	下一步。以邏輯值控制馬達是否要煞車，真（P）則煞車、假（O）則自然持續滑行至停止。
	Filename	資料夾名稱。
	Sound File	音效檔。
	Tone ／ Tone Frequency	音調／音調頻率。以數值控制頻率。
	Play	播放。通常用於音效或畫面。
	Control Control Motor Power	控制。 為 NXT 馬達內建的控制機能，以邏輯值真假對應是否開啟這個功能。（詳細介紹於 3-2）
	Volume ／ Sound Level	音量。控制音量大小，數值介於 0-100。
	Clear	清除。邏輯值，真（P）清除、假（O）不清除。
	Text	內文。
	Result Radius Number Value	結果。用於輸出執行動作所得到的數值。 半徑。 數字。與數字有關時可能使用。 數值。特指數值型態的輸出。

圖示	符號意義	說明
	Rotations	轉動。根據情況不同有角度、圈數、時間等不同單位。
	Time／Duration	時間／持續時間。
	Wait for Completion	等至結束。以邏輯值真（P）代表直到此動作執行結束後才進行後續，邏輯值假（O）代表與後面動作一起執行。（詳細介紹於 2-4）
	Mail Box	郵箱。指定使用的信箱編號。
	Lamp Color	燈泡顏色。以數值指定燈泡的顏色。
	And	交集。
	Or	聯集。
	Xor	異或集。兩個選項只有一個為真的情況。
	Not	補集。
	Pressed	按下。觸碰感應器所接收到的訊息。
	Released	鬆開。亦可作為一個啟動訊息。
	Bumped	碰撞。為按下與鬆開接連兩個動作的判定。
	Yes／No Result	是／否。用於判斷時的邏輯值。 結果。用於輸出執行判斷類型動作時所得到的邏輯值。
	A、B（Variable）	A、B（變數）。一個代號，可輸入數值或布林值等運算或判定的動作，有 A、B 等不同變數名稱。
	Counter	計數器。通常出現於迴圈，計數可輸出數值。
	Distance	距離。

國家圖書館出版品預行編目 (CIP) 資料

由淺入深：樂高 NXT 機器人與生醫應用實作 / 林沛辰等著.
-- 初版. -- 新竹市：交大出版社，民 105.10
　面；　公分
ISBN 978-986-6301-93-3(平裝)

1. 機器人 2. 生物醫學工程 3. 電腦程式設計

448.992029　　　　　　　　　　　　　　105016605

由淺入深
樂高 NXT 機器人與生醫應用實作

作　　　者：林沛辰、許恭誠、張家齊、蕭子健
出 版 者：國立交通大學出版社

發 行 人：張懋中
社　　長：盧鴻興
執 行 長：李佩雯
執行主編：程惠芳
視覺設計：theBAND・變設計 — ADA
製版印刷：宏國群業股份有限公司
地　　址：新竹市大學路 1001 號
讀者服務：03-5736308、03-5131542
　　　　　（週一至週五上午 8:30 至下午 5:00）
傳　　真：03-5728302
網　　址：http://press.nctu.edu.tw
e - m a i l：press@nctu.edu.tw
出版日期：105 年 10 月初版一刷
定　　價：280 元
I S B N：9789866301933
G　P　N：1010501641

展售門市查詢：
交通大學出版社 http://press.nctu.edu.tw
三民書局（臺北市重慶南路一段 61 號））
網址：http://www.sanmin.com.tw　電話：02-23617511
或洽政府出版品集中展售門市：
國家書店（臺北市松江路 209 號 1 樓）
網址：http://www.govbooks.com.tw　　電話：02-25180207
五南文化廣場台中總店（臺中市中山路 6 號）
網址：http://www.wunanbooks.com.tw　電話：04-22260330

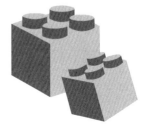